VERSTÄNDLICHE WISSENSCHAFT

SIEBENUNDACHTZIGSTER BAND

BERLIN · HEIDELBERG · NEW YORK
SPRINGER-VERLAG

DIE WELT DER PARASITEN

Zur Naturgeschichte des Schmarotzertums

GÜNTHER OSCHE

1.–6. TAUSEND

MIT 76 ABBILDUNGEN

BERLIN · HEIDELBERG · NEW YORK

SPRINGER-VERLAG

Herausgeber der Naturwissenschaftlichen Abteilung:
Prof. Dr. Karl v. Frisch, München

Dr. Günther Osche
Dozent für Zoologie an der Universität Erlangen-Nürnberg

ISBN 978-3-540-03691-3   ISBN 978-3-642-86396-7 (eBook)
DOI 10.1007/978-3-642-86396-7

Umschlagdarstellung:
Nach Rothschild/Clay, Fleas, Flukes and Cuckoos.
London: Collins Publishers

© by Springer-Verlag Berlin · Heidelberg 1966
Softcover reprint of the hardcover 1st edition 1966
Library of Congress Catalog Card Number 66 – 14428

Titel-Nr. 7220

Vorwort

Wenn es Tiere gibt, mit denen der Mensch nichts zu tun haben will, ja bei deren bloßen Erwähnung er schon die Nase rümpft, dann sind es die Schmarotzer, die Parasiten. Er sieht in ihnen verständlicherweise Feinde und Krankheitserreger, die ihn selbst, seine Haustiere und seine Kulturpflanzen befallen, Seuchen hervorrufen, ja den Tod bringen können. Seine eigenen Moralbegriffe auf sie anwendend, verachtet er diese Organismen, die sich „heimtückisch" und „auf Kosten" anderer ernähren und vermehren und bezeichnet sie als „Un-tiere", eben als „Ungeziefer". Da die Schmarotzer obendrein meist nicht gerade schön sind, ja all dieses „Gewürm" vielfach degeneriert wirkt, scheint es wenig Gründe dafür zu geben, sich mit Parasiten zu befassen, es sei denn, um Methoden und Mittel zu finden, sich vor diesen Plagegeistern zu schützen oder sie zu vernichten. In der Tat ist es eine große Aufgabe der medizinischen Parasitologie und Schädlingsbekämpfung, dieser Forderung gerecht zu werden.

Der Zoologe freilich, den die Lebewesen in all ihren Erscheinungsformen interessieren und der weiß, daß uns eine unscheinbare Fliege unter Umständen mehr über grundlegende Fragen der Biologie verraten kann, als der bunteste Schmetterling, betrachtet auch die Schmarotzer mit anderen Augen. Er sieht in ihnen Organismen mit einer meist hochspezialisierten Lebensweise, mit einer Fülle bewundernswerter Anpassungen, die in einer langen stammesgeschichtlichen Entwicklung erworben worden sind, und er versucht auf den verschiedensten Wegen Einblicke in diese eigene „Welt der Schmarotzer" zu gewinnen. Daß bei solchem Tun auch vielfach für die Bekämpfung der Parasiten wesentliche Ansatzpunkte gefunden werden, ist selbstverständlich. Je besser man seinen „Feind" kennt, um so erfolgreicher kann man gegen ihn vorgehen.

In diesem Bändchen soll jedoch *nicht* von den parasitären Krankheiten und von der Bekämpfung der Schmarotzer die Rede sein, sondern aus ihrem Leben, aus ihrer Welt berichtet werden, so, als würden wir uns mit den Tieren des Waldes, der Steppe oder des Meeres befassen. Es soll gezeigt werden, wie sie sich mit ihrer Umwelt — und das ist im Wesentlichen ihr Wirt — auseinandersetzen, wie sie sich fortpflanzen und entwickeln, wie sie sich Konkurrenz machen und welche Feinde sie haben. Wir wollen einige Etappen ihrer stammesgeschichtlichen Entwicklung verfolgen und werden sehen, daß sie ihr „Geschäft" als Schmarotzer zum Teil schon seit vielen Millionen Jahren betreiben. Ein Überblick über die Verbreitung des Parasitismus im Tierreich schließlich wird uns zeigen, daß nahezu jede größere Tiergruppe Schmarotzer hervorgebracht hat und daß es kaum einen mehrzelligen Organismus gibt, der nicht von irgendwelchen Parasiten befallen ist.

Nicht nur die Tiere, auch die Pflanzen haben Schmarotzer hervorgebracht. Man denke nur an das Heer der parasitischen Bakterien und Pilze und unter den höheren Pflanzen an den Fichtenspargel und die allbekannte Mistel. Auch werden viele Pflanzen von tierischen Schmarotzern heimgesucht, die wir z. T. schon durch unsere deutschen Namen als Parasiten kennzeichnen, wenn wir von Blattläusen, Schildläusen und Blattflöhen sprechen. Um jedoch den Rahmen nicht zu sprengen und auch aus sachlichen Gründen, beschränkt sich unsere Darstellung auf tierische Schmarotzer, denen wiederum Tiere oder der Mensch als Wirte dienen.

Daß wir trotz dieser Einschränkung dennoch nur einige Problemkreise darstellen können, also beileibe nicht vollständig sind, versteht sich bei dem Umfang der Parasitologie im Vergleich zu dem unseres Büchleins von selbst. Die dadurch notwendig werdende Auswahl ist ebenso selbstverständlich von den Interessen und Neigungen des Autors mitbestimmt, der freilich nur hoffen kann, damit auch den Geschmack seiner Leser getroffen zu haben und bei aller Unvollständigkeit doch einen Überblick zu gewähren. Wenn es ihm gelungen sein sollte, zu zeigen, daß auch Parasiten interessante Tiere sind, an denen sich viele allgemeine Fragen der Biologie zum Teil besonders gut untersuchen und demonstrieren lassen, wäre seine Absicht erreicht.

Frau Helgrid Kraus danke ich herzlich für die Herstellung der Zeichnungen, meinem Freund, Herrn Studienrat E. Ernst, für die der Fotos für Abb. 3 und 59b.

Erlangen, im Frühjahr 1965 GÜNTHER OSCHE

Inhaltsverzeichnis

I. Was ist ein Parasit

Der Begriff Parasit oder Schmarotzer kennzeichnet keine bestimmte Tiergruppe, sondern charakterisiert eine besondere Lebensweise. So wie man vom Plankton spricht und damit die verschiedensten im Wasser schwebenden pflanzlichen und tierischen Organismen meint, so sind Schmarotzer eben Organismen, die sich „auf Kosten" eines anderen Tieres oder einer Pflanze ernähren, ohne diese dabei in der Regel zu töten. Dadurch unterscheidet sich der Parasit im allgemeinen vom *Räuber*, der ja auch von anderen Tieren lebt, seine Beute dabei jedoch umbringt und auffrißt. Im Gegensatz dazu, kann der Schmarotzer seinen „Wirt" mehrfach zur Gewinnung von Nahrung nutzen, ihn immer wieder „anzapfen". Ein toter Wirt nützt dem Parasiten nichts. Der bekannte englische Ökologe ELTON hat das einmal treffend so ausgedrückt: „Der Räuber lebt vom Kapital, der Parasit vom Einkommen." Als drastisches Beispiel auf uns Menschen bezogen, könnte man auch sagen, wir betätigen uns als Räuber, wenn wir eine Kuh schlachten, um ihr Fleisch zu essen, als Parasiten jedoch, wenn wir sie täglich melken und ihre Milch trinken. Daraus ergibt sich, daß ein Räuber in der Regel größer und stärker als sein Beutetier sein muß, während umgekehrt die Schmarotzer meist erheblich kleiner als ihre Wirte sind. Das hat wiederum zur Folge, daß die Anzahl der Räuber in einem Gebiet immer viel geringer als die der Beutetiere sein muß — so gibt es selbstverständlich mehr Mäuse als Bussarde und Füchse, mehr Frösche als Ringelnattern und mehr Friedfische als Hechte. Parasiten dagegen können an Individuenzahl ihre Wirtstiere gewaltig übertreffen, kann doch ein Säugetier z. B. Hunderte von Läusen oder Flöhen beherbergen, von den oft zahlreichen Würmern im Darm gar nicht zu reden. Dank ihrer relativ geringen Größe können viele Schmarotzer längere Zeit oder immer in oder auf ihren Wirten hausen, wodurch letztere ihnen nicht nur Nahrung, sondern auch „Wohnung" stellen. Erscheint es so auf den ersten Blick relativ leicht, zu sagen, was ein Parasit ist, so zeigt sich bei genauerer Betrachtung doch, wie bei der Fülle der verschiedenen, als Schmarotzer lebenden Arten eine exakte Definition schwierig wird, weil es auch hier, wie so oft in der Natur, keine scharfen Grenzen gibt. Da man gerade durch den Versuch einer Abgrenzung viel über das Wesen eines Phaenomens erfahren kann, wollen wir uns noch etwas damit befassen.

a) Der Unterschied zum Räuber

So eindeutig, wie oben definiert, ist die Grenze zum Räuber keineswegs immer zu ziehen, da sich in dieser Beziehung oft nahe verwandte Tiere bereits verschieden verhalten können. Dabei spielen oft die schon genannten Größenverhältnisse eine Rolle. So gibt es unter den Egeln (Hirudineen) Arten, die, wie der Pferdeegel *(Haemopis)* z. B., kleinere Tiere, so Würmer und Insektenlarven, ganz verschlingen, sich also wie Räuber verhalten, während der Blutegel *(Hirudo)* und der Fischegel *(Piscicola)* sich an größere Wirbeltiere anheftet und dort „nur" Blut saugt (Abb. 1), ohne den Wirt dabei zu töten. Ähnlich bezeichnen wir eine Reihe von Wanzenarten, die kleinere Insekten mit ihren Mundwerkzeugen anstechen und bis auf die Haut aussaugen, mit Recht als Räuber, während die Bettwanze *(Cimex lectularius)*, die selbst bei größtem Hunger einem Menschen nur wenig Blut abzapfen kann, eben zu den Parasiten zählt. Schließlich seien in diesem Zusammenhang die Raupenfliegen (Tachinen) erwähnt. Die Maden dieser, den Stubenfliegen im Habitus ähnlichen Tiere, schmarotzen im Innern von Schmetterlingsraupen und ernähren sich von deren Fettreserven, wobei sie lebenswichtige Organe ihrer Wirte zunächst verschonen. Erst gegen das Ende ihrer Entwicklung fressen sie die Raupe schließlich völlig leer, töten sie auf diese Weise und verpuppen sich nun. Zuletzt verhalten sie sich also nicht wie typische Schmarotzer und werden daher vielfach als Parasitoide,

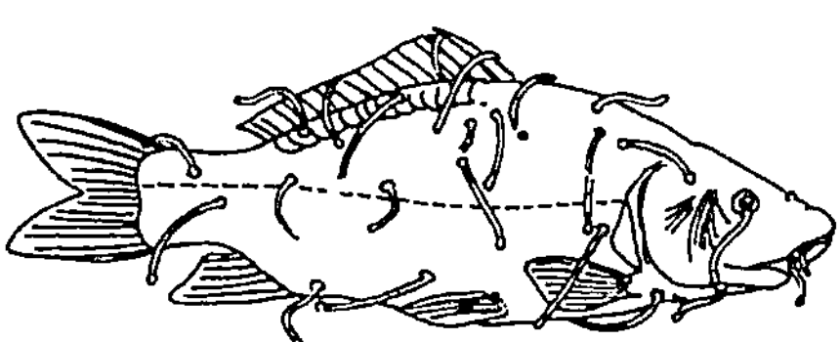

Abb. 1. Mehrere Fischegel *(Piscicola)* haben sich an einen Karpfen angeheftet. (Nach PLEHN 1924)

d. h. sich ähnlich wie Parasiten verhaltende Tiere, bezeichnet. Ihre nächsten Verwandten sind die sogenannten Dasselfliegen (Östriden), die ihre Larvalentwicklung in einem weit größerem Wirtstier, z. B. einem Rind durchlaufen, wo sie im Gewebe der Haut schmarotzen und so die lästigen Dasselbeulen erzeugen. Ein so großes Wirtstier kann natürlich nicht aufgefressen werden und überlebt daher den Befall, weshalb die Dasselfliegen eben zu den „richtigen" Parasiten gezählt werden müssen.

b) Es geht um die Nahrung

Schwierig wird eine Abgrenzung des Parasitismus auch, wenn wir uns fragen, auf *welche* Weise ein Schmarotzer Nahrung von einem anderen Organismus bezieht. Die Nahrungsaufnahme eines freilebenden Tieres ist ja ein Vorgang, der sich vielfach in mehrere Phasen gliedern läßt. Da gilt es z. B. zunächst die Nahrung zu finden und aufzusuchen, dann sie aufzunehmen und zu zerkleinern, um sie anschließend im Darmtrakt durch bestimmte Fermente zu verdauen, d. h. in chemisch einfachere Bestandteile zu zerlegen. Diese werden schließlich von der Darmwand resorbiert und zum Teil für den Aufbau der eigenen Körpersubstanz verwendet, also assimiliert. In jede dieser Phasen kann sich ein anderer Organismus als Nutznießer einschalten, und es ist dann nicht immer leicht, zu entscheiden, ab wann man von Parasitismus sprechen soll.

Um die Fülle der Möglichkeiten wenigstens anzudeuten, wollen wir einige Beispiele anführen und dabei etwas weiter ausholend, auch solche berücksichtigen, die sicher „noch" nicht als Parasitismus zu bezeichnen sind.

1. Hilfe bei der Nahrungssuche

Beginnen wir mit der Nahrungssuche. Hierbei lassen sich manche Tiere von anderen helfen. So kann man als „Schnorchler" mit der Tauchmaske im flachen Küstenwasser des Mittelmeeres nicht selten kleine Meerbrassen *(Diplodus annularis)* beobachten, die sich einzelnen Meerbarben *(Mullus)* anschließen. Letztere durchwühlen mit ihren Barteln bei der Nahrungssuche den sandigen Grund und wirbeln dadurch kleine Organismen auf, nach denen die Meerbrassen dann schnappen. In ähnlicher „Absicht" folgt z. B. auch der Kuhreiher *(Bubulcus ibis)* in Afrika — aber auch anderswo — den Herden der Großsäuger, um auf aufgescheuchte Kleintiere und anfliegende Insekten Jagd zu machen. Ähnlich verhalten sich bei uns die Stare und Viehstelzen, die auf Rinder- und Schafweiden ihre Nahrung suchen. Solche Bindungen sind freilich nicht all zu eng, und die erwähnten Tiere sind durchaus in der Lage, auch selbständig ihre Nahrung zu finden.

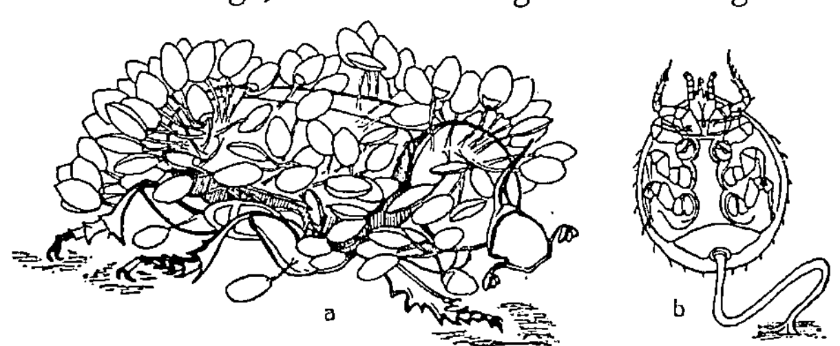

Abb. 2 a u. b. a Ein Mistkäfer *(Onthophagus)*, an den sich zahlreiche Entwicklungsstadien (Deutonymphen) einer Milbe (Oribatide) angeheftet haben. b Ein einzelnes Nymphenstadium der Milbe, mit dem vom Hinterende abgeschiedenen Sekretstiel zur Befestigung am Panzer des Käfers. (Aus HESSE-DOFLEIN 1943)

In anderen Fällen liegt da schon eine stärkere Abhängigkeit vor. So gibt es unter den mikroskopisch kleinen Fadenwürmern (Nematoden) und bei den Milben zahlreiche Arten, die in tierischen Exkremente oder auf Aas leben und dort ihre Nahrung finden. Solche Substrate existieren jedoch nur kurze Zeit und sind bald völlig zersetzt. Für so kleine Organismen ist es dann nicht leicht, wieder einen frischen „Nährboden" zu finden. Sie nutzen daher agilere Tiere aus, um sich von ihnen zu ihren Nahrungsquellen transportieren zu lassen. Im Falle des Aases sind es Aaskäfer, wie der Totengräber *(Necrophorus)* u. a., im Falle der Exkremente die zahlreichen Mistkäfer *(Geotrupes, Aphodius)*, aber auch andere Insekten, die als „Flugzeuge" dienen. Diese suchen, durch ihren Geruchsinn gelenkt, immer wieder frische, geeignete Substrate auf, und das nutzen die genannten Nematoden und Milben aus. Sie bilden im Laufe ihrer über mehrere Larvenstadien verlaufenden Entwicklung besondere „Dauerlarven", die bei Berührung mit einem Insekt sich anheften (Abb. 2, 67 u. 68) oder unter den Flügeldecken der Käfer bzw. in Hautfalten zwischen den Segmenten Schutz vor Austrocknung suchen. So werden sie von den

4

Insekten als „blinde Passagiere" zu einem frischen Kadaver oder
Kothaufen getragen, wo sie absteigen und ihre Entwicklung fortsetzen. Die Zoologen nennen ein solches Transportverhältnis *Phoresie* und kennen entsprechendes auch von anderen Tiergruppen.
Mit Parasitismus hat das alles natürlich noch nichts zu tun.

2. Mitesser und Beuteschmarotzer

Dem Schmarotzertum schon näher stehen Vergesellschaftun-
gen, bei denen der eine Partner vom anderen bereits erfaßte oder
gefangene Nahrung bezieht. So entreißen manche Krabben den
Seerosen gelegentlich ihre Beute und kommen so in den Besitz
von Nahrungstieren, die durch das Nesselgift der Aktinien getötet worden sind. Während eine solche Art des Nahrungserwerbes von den Krabben nur gelegentlich geübt wird, gibt es
andere Tiere, die sich darauf spezialisiert haben, als Mitesser oder
Kommensalen zu leben. Auf der Unterseite des mediterranen
Kammseesternes *(Astropecten)* z. B. findet man zwischen den
„Füßchen" nicht selten einen Schuppenwurm aus der Gruppe
der Borstenwürmer, *Acholoe astericola* genannt, der den Seestern
nie verläßt und an der Nahrung, die dieser seinem Mund zuführt,
Anteil hat (Abb. 3). Ähnlich lebt ein anderer Borstenwurm
(Nereilepas fucata) versteckt in den von Einsiedlerkrebsen be-
wohnten Schneckenhäusern und kommt nur hervor, wenn sein
Krebs Beute gemacht hat, um einige Brocken davon zu erhaschen.
Solche Kommensalen kennt man in größerer Zahl auch bei
anderen Tiergruppen, ohne in diesen Fällen schon von Parasitismus zu sprechen.

Als *Beuteschmarotzer* hingegen bezeichnet man bereits manche
Haubennetzspinnen, wie z. B. *Conopistha argyrodes*, die selbst keine
Netze mehr bauen, sondern bei anderen Netzspinnen *(Cyrtho-
phora)* parasitieren, indem sie an Beute gehen, die sich in deren
Netzen gefangen hat. Auch unter den Vögeln gibt es spezialisierte
Beuteschmarotzer, so besonders bei den Schmarotzerraubmöwen
(Stercorarius-Arten). Sie verfolgen andere Seevögel und be-
lästigen diese im Fluge so lange, bis sie ihre frisch erbeutete
Nahrung wieder auswürgen, die dann häufig noch in der Luft
von den Schmarotzerraubmöwen aufgefangen und vertilgt wird.
Ähnlich verhalten sich auch die schmucken Fregattvögel der

tropischen Meere, die selbst nicht tauchen können, aber den hervorragend sturztauchenden Tölpeln die erbeuteten Fische wieder abjagen.

Abb. 3. Der Borstenwurm *Acholoe astericola* lebt ständig auf der Unterseite des Kammseesternes *(Astropecten)* (Original)

3. Der Wirt stellt die Nahrung

Zweifellos *echte Parasiten* sind jedoch endlich jene Tiere, die im Darmtrakt ihrer Wirte leben, um so an der von diesen bereits verzehrten Nahrung Anteil zu nehmen. Darunter gibt es Vertreter, die, wie etwa zahlreiche parasitische Fadenwürmer, Darminhalt des Wirtes mit der Mundöffnung aufnehmen und in ihrem eigenen Darmtrakt weiter verdauen. Die Bandwürmer (Cestoda) und Kratzer (Acanthocephalen) dagegen sind auf die vom Wirtstier bereits bis zur Resorbierbarkeit aufgeschlossene Nahrung angewiesen und nehmen diese mit ihrer gesamten Körperoberfläche auf. Diesen Parasiten fehlt daher eine Mundöffnung und ein eigener Darmtrakt.

Andere im Darmlumen eines Wirtstieres lebende Schmarotzer ernähren sich jedoch nicht vom Darminhalt ihres Wirtes, sondern von dessen Körpersubstanz, also von der bereits assimilierten Nahrung. Solche Formen besitzen, wie z. B. der im Dünndarm des Menschen lebende Hakenwurm *(Ancylostoma)*, oft eine zahnbewehrte Mundöffnung, mit der sie Zotten der Darmschleimwand abweiden können und einen wohl entwickelten Darmtrakt zur Verdauung dieser Kost. Sie leben gewissermaßen „räuberisch" von den Geweben ihres Wirtes, fressen jedoch nur kleine Happen, die wieder regenerieren, also nachwachsen und bringen daher ihren Wirt normalerweise nicht um. Solche von den Geweben oder Körpersäften ihrer Wirte lebenden Schmarotzer sind in ihrer Verbreitung nicht auf den Darmtrakt beschränkt. Sie können in den verschiedensten Organen ihrer Wirte leben, so z. B. in der Leber oder Lunge, im Bindegewebe und im Blut. Auch von außen, von der Körperoberfläche her, ist die Körpersubstanz eines Wirtes zugänglich. Viele Schmarotzer sitzen daher auf ihren Wirten und fressen von deren Haut, Federn oder Haaren, wie z. B. die Federlinge und Haarlinge (Mallophaga) (Abb. 57). Andere stechen mit besonders umgestalteten Mundwerkzeugen die Haut des Wirtes an, um Blut zu saugen, wie wir es von den Wanzen, Flöhen und Läusen oder vom Blutegel her kennen.

c) Es geht um die Wohnung

Dieser kurze Überblick zeigt bereits, wie zahlreiche Möglichkeiten es für ein Tier gibt, im Hinblick auf die Nahrung, an einem Wirt zu schmarotzen und wie schwer es in manchen Fällen ist, eine Grenze zu ziehen. Neben dem Nahrungsfaktor hat man nun vielfach zur Definition des Parasitismus mit herangezogen, daß der Schmarotzer bei seinem Wirt auch Wohnung findet. Für alle im Inneren ihres Wirtes lebende Parasiten, die wir, unabhängig davon, ob sie im Darmtrakt oder in anderen Organen leben, als Binnenschmarotzer oder *Entoparasiten* bezeichnen, trifft dies auch zweifellos zu. Bei den auf der Körperoberfläche ihrer Wirte hausenden Außenschmarotzer oder *Ektoparasiten* existieren in dieser Beziehung jedoch Unterschiede. Da gibt es die sogenannten stationären Parasiten, die zumindest mit einem Entwicklungsstadium für längere Zeit oder gar, wie die Läuse, als permanente Schmarotzer mit allen Stadien, ihr ganzes Leben auf einem Wirtstier verbringen, aber auch andere, die, wie die Wanzen und Flöhe, ihr Wirtstier als sogenannte temporäre Parasiten kurzfristig aufsuchen, um ihm Nahrung abzuzapfen. Solche Formen haben ihre

Wohnung außerhalb des Wirtstieres, meist in dessen Umgebung, so im Nest eines Säugetieres oder eines Vogels. Manche Stechmücken *(Culex, Anopheles)* besuchen ein Wirtstier gar nur ein paarmal und nur für wenige Sekunden, um Blut zu saugen, verbringen jedoch ihr gesamtes übriges Leben fernab vom Wirt. Die einzige Anpassung an den Parasitismus, die solche Tiere zeigen, sind daher auf die zu dieser speziellen Nahrungsaufnahme um-

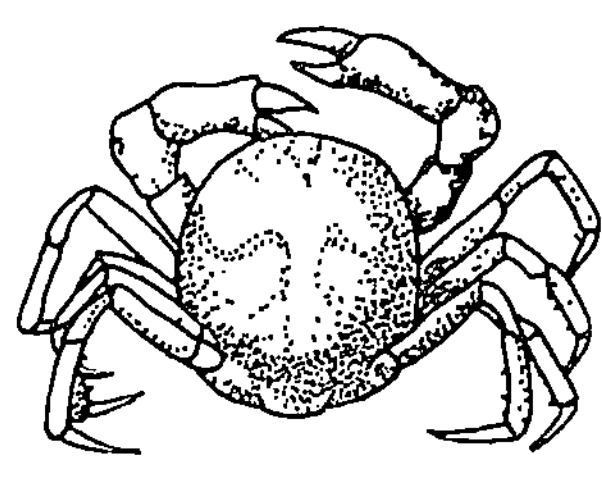

Abb. 4. Der Muschelwächter *(Pinnoteres)*, eine Krabbe, die in Steckmuscheln *(Pinna)* haust. (Nach RIEDL 1963: Fauna und Flora der Adria. Parey, Berlin)

gestalteten stechenden Mundwerkzeuge beschränkt. In der gesamten übrigen Organisation unterscheiden sich solche Insekten nicht von freilebenden — also nicht parasitischen — Verwandten. Man kann sie daher mit einigem Vorbehalt „gerade noch" zu den Parasiten zählen.

Umgekehrt gibt es Tiere, die bei anderen ausschließlich Wohnung beziehen, ohne dort Nahrung zu finden, was man als Einmietung oder *Entökie* bezeichnet. So findet z. B. der zu den Krabben gehörige Muschelwächter *(Pinnoteres)* in der Schale lebender Meeresmuscheln (vor allem bei der Steckmuschel *Pinna*) nur Unterkunft und Schutz, ohne sich an der Muschel selbst oder deren Nahrung zu vergreifen (Abb. 4). Ähnlich wohnen in dem Kanalsystem, das die Schwämme des Meeres durchzieht, zahlreiche Tiere, so Würmer (Polychaeten), Krebse *(Synalpheus)* und andere, die sich jedoch alle ihre Nahrung selbst erwerben und nicht beim Schwamm schmarotzen. Auch in dieser Beziehung läßt sich der Begriff Parasit nicht scharf fassen, auch in dieser Sicht gibt es „Grenzfälle", über deren Zuordnung man streiten kann. Die Vielfalt der Natur ist eben auch hier zu groß, um sich mit ein paar Begriffen mühelos ordnen zu lassen.

d) Der Wirt ist die Welt des Schmarotzers

Ohne jeden Zweifel echte Parasiten sind alle jene Organismen, die von ihrem Wirt sowohl Nahrung als auch Wohnung beziehen, und das sind alle Entoparasiten ausnahmslos und alle stationären

Ektoparasiten. Für diese Schmarotzer bietet der Wirt nicht nur „Wohnung" im Sinne von schützender Unterkunft, sondern eine Fülle spezieller Umweltbedingungen, an die der Parasit jeweils angepaßt sein muß. So herrschen im Haarkleid eines Säugetieres z. B. besondere Feuchtigkeits- und Temperaturbedingungen, auch bietet das Fell mit dem „Wald" der Haare eine besondere Raumstrukturierung, alles Faktoren, die auf die dort lebenden Läuse und Haarlinge von Einfluß sind und, unabhängig von der Art des Nahrungserwerbes, besondere Anpassungen bei ihnen erforderlich machen, wie Krallen zum Festhalten an den Haaren (Abb. 32, *11*), flache Körper die leicht einen Durchschlupf finden, hohe Temperaturoptima und andere mehr. Dasselbe gilt natürlich auch für Entoparasiten, die z. B. im Darm eines Säugetieres oder Vogels eine konstante, aber relativ hohe Temperatur von 37° C und mehr vorfinden und so, obgleich organisationsgemäß zu den wechselwarmen Tieren zählend, funktionell auch von der Warmblütigkeit ihres Wirtes „schmarotzen". Sie verbringen ihr Leben in völliger Dunkelheit und es steht ihnen für ihren Stoffwechsel sehr wenig, ja teilweise überhaupt kein Sauerstoff zur Verfügung. Das alles sind besondere Umweltsverhältnisse, die der Entoparasitismus mit sich bringt.

Da ein höher organisiertes Wirtstier, wie z. B. ein Wirbeltier, über eine Fülle verschiedener Organe verfügt, läßt sich der „Biotop" Wirtstier in zahlreiche engere Lebensstätten oder Habitate gliedern, die jeweils von unterschiedlichen Schmarotzern besiedelt sein können. Da gibt es z. B. bei einem Säugetier Läuse, Haarlinge und Flöhe als Ektoparasiten im Fell, verschiedene Arten von Faden- und Saugwürmern in Lunge, Leber, Niere und Darmtrakt, Einzeller als Parasiten im Blut, Dasselfliegenmaden unter der Haut, um nur einige typische Gruppen zu nennen. Sie können, jeder Schmarotzer auf das von ihm befallene Organ spezialisiert, alle gleichzeitig, ohne sich Konkurrenz zu machen, ein und dasselbe Wirtsindividuum befallen, das dann eine eigene Lebensgemeinschaft von Parasiten (Parasitozönose) beherbergt.

So sind viele wildlebenden Vögel und Säugetiere kleine wandelnde „Zoologische Gärten", die in den „Gehegen" ihrer verschiedenen Organe einer oft stattlichen Zahl unterschiedlicher Parasitenarten Nahrung und Umwelt bieten.

Für die Zeit seines parasitischen Lebens auf oder in einem Wirtstier ist der Schmarotzer anderen Umwelteinflüssen weitgehend entzogen. Ein Bandwurm im Darm eines Vogels z. B. bleibt in dieser Phase seines Lebens unberührt davon, ob sein Wirt im tropischen Regenwald oder in der trockenen Steppe lebt, ob er in Schnee und Eis zu Hause ist oder, wie ein Pinguin, lange Zeit im Meere verbringt. Im Darm, wo der Bandwurm lebt, bleibt es immer warm und feucht und dunkel, herrscht immer ein ziemlich konstantes Milieu und gibt es immer Nahrung, für deren Beschaffung der Wirt sorgt. So gesehen ist ein Parasit also ein Tier, dessen Lebensraum ein anderer Organismus, eben sein Wirt ist. Die Wechselbeziehungen zwischen den Schmarotzern und ihren Wirten zu untersuchen, ist Aufgabe der *Parasitologie,* die damit zur Ökologie gehört, jener Disziplin der Biologie, die sich allgemein mit den Wechselbeziehungen zwischen Organismen und ihrer Umwelt befaßt. Die Tatsache, daß bei den Schmarotzern die „Umwelt" selbst wieder ein lebendiger Organismus (der Wirt) ist, der seinerseits auf den Parasitenbefall reagieren kann, verleiht diesen Wechselbeziehungen einen besonderen Charakter und bedingt die Eigenständigkeit der Parasitologie in Problemstellung und Methode. Freilich ist nur in relativ wenigen Fällen der Wirt der wirklich einzige Lebensraum eines Schmarotzers. Zu diesen gehören z. B. die Läuse und Federlinge, die wirklich ihr ganzes Leben als permanente Parasiten auf ihrem Wirt verbringen, sich dort fortpflanzen, ihre Eier an den Haaren bzw. Federn anheften, ihre Larvalentwicklung bis zur Geschlechtsreife dort durchmachen, kurz, über Generationen hinweg in keiner Phase von ihrem Wirt getrennt sind. Selbst die Übertragung auf ein anderes Wirtstier geschieht bei ihnen fast nur durch unmittelbaren Kontakt, ist ein „Umsteigen" von einem Wirtsindividuum auf das andere, so daß die „Umgebung" des Wirtstieres bei diesen Schmarotzern nahezu keine Rolle spielt (s. S. 68).

Bei vielen anderen Parasiten ist dies jedoch nicht so. Sie verlassen in einer bestimmten Phase ihrer Entwicklung ihren Wirt, um eine mehr oder weniger große Zeitspanne, und sei es nur als Ei oder Larvenstadium, im Freien durchzumachen, ehe sie wieder ein neues Wirtstier befallen können (s. S. 69). In dieser freilebenden Phase sind solche Schmarotzer natürlich den Umwelts-

einflüssen, wie Temperatur, Feuchtigkeit, Feinden u. a., ebenso
ausgesetzt, wie ein freilebendes Tier; während dieser Zeit teilen
sie den Lebensraum mit ihrem Wirt. Da die in der freien Umwelt
herrschenden Bedingungen von großem Einfluß auf die Befalls-
möglichkeiten und die Verbreitung der Parasiten sind und diese
häufig eine Fülle spezieller Anpassungen auch für diese freilebende Phase ihrer Entwicklung haben, muß der Parasitologe
auch diesen „zweiten Lebensraum" seiner Objekte mit in die
Untersuchung einbeziehen.

e) Parasitismus, Krankheit und Koexistenz

Wenn von Parasiten die Rede ist, denkt man in erster Linie an
die Schmarotzer des Menschen und seiner Haustiere und an die
von ihnen hervorgerufenen Krankheiten, da diese natürlich zunächst die Aufmerksamkeit des Menschen geweckt haben. In
dieser Sicht gilt ein Parasitenbefall mit Recht als pathologisches
Phänomen und somit Parasitismus als abnorme, aberrante Er-
scheinung. Sollte dieser Tatbestand nicht zur Definition des
Parasitismus mit herangezogen werden? Je mehr die Untersuchungen auch auf· wirtschaftlich belanglose Tiergruppen aus-
gedehnt wurden, um so mehr zeigte sich, daß Parasitismus im Tierreich außerordentlich weit verbreitet ist und die den Wirtstieren
zugefügten Schäden sich bei „normalem" Befall oft durchaus in
Grenzen halten, ja vielfach kaum nachweisbar sind. Nahezu auf
und in jeder genauer untersuchten Tierart leben häufig spezifische
Parasiten und bei höher organisierten und größeren, so vor allem
bei Wirbeltieren, ist fast jedes wildlebende Individuum von oft
mehreren Parasitenarten befallen. So wird es schwer fallen, z. B.
einen Vogel zu erbeuten, der nicht ektoparasitische Federlinge
und Milben im Gefieder oder entoparasitische Würmer in seinen
inneren Organen beherbergt. Dasselbe gilt auch für Säugetiere
und andere. Wollte man darin etwas Pathologisches sehen, gäbe
es kaum „wirklich gesunde" Tiere in freier Wildbahn. Aber diese
häufigen und spezifischen Parasiten machen ihren Wirt eben nicht
krank. Das würde ihnen vom Blickpunkt der natürlichen Auslese auch wenig nützen, denn mit dem Tod seines Wirtstieres
hat sich der Schmarotzer den Ast abgesägt, auf dem er sitzt.
Vor allem stammesgeschichtlich alte Parasiten und ihre Wirte

haben daher vielfach in ihrer Entwicklung ein Gleichgewichts-
verhältnis in Angriff und Abwehr erworben, das es ihnen gestattet, in relativ friedlicher Koexistenz miteinander zu leben. Auch
der Mensch, der verständlicherweise jeden Parasitenbefall als
„krankhaft" und unhygienisch empfindet, hat solche harmlosen
Schmarotzer, deren Anwesenheit er gar nicht bemerkt. So ist fast jeder von uns mit Haarbalgmilben *(Demodex folli-culorum)* befallen, die in den Talgdrüsen in der Haut des Kopfes sitzen, ohne in der Regel pathogen zu werden (Abb. 5). Ebenso verbreitet ist in der Mundhöhle eine einzellige Amöbe *(Entamoeba gingi-valis)*, die man geradezu als Ento-Kommensalen bezeichnen kann, da sie von den Bakterien des Zahnbelages und von abgestoßenen Epithelzellen lebt. Auch ein mäßiger Befall mit Madenwürmern *(Enterobius vermicularis)* im Darm ist beim Menschen vor allem im Kindesalter weit verbreitet und bleibt oft unbemerkt. Selbst ein außerordentlich zahlreicher Parasitenbefall kann bei manchen Wirts-tieren nahezu symptomlos verlaufen. Im Enddarm von Landschildkröten oder auch von tropischen Tausendfüßern z. B. finden sich nahezu regelmäßig Faden-würmer aus der Gruppe der Oxyuriden,

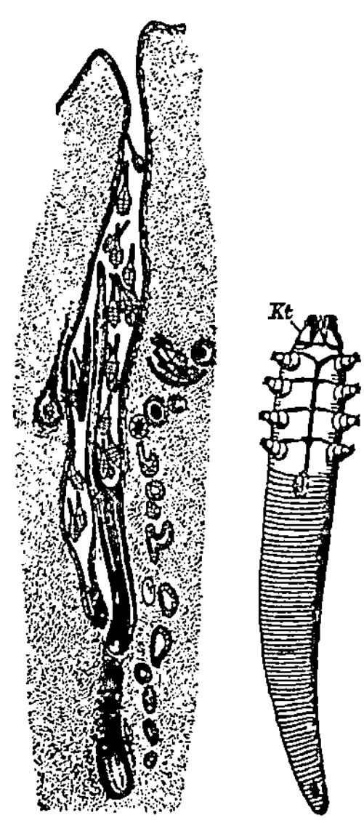

Abb. 5. Mehrere Haarbalg-
milben *(Demodex)* im Haar-
balg. Daneben eine einzelne
Milbe stärker vergrößert.
(Aus Martini 1941)

zu der auch unser Madenwurm gehört, oft zu Hunderten, ohne
dem Wirtstier merklich zu schaden. Im Dickdarm und Blinddarm
wildlebender Zebras hat man gar 100 000 ja bis über 3 Millionen
Nematoden *(Crossocephalus)* gefunden, ohne daß die Wirtstiere
Krankheitssymptome zeigten. Da solche Schmarotzer oft von dem
bereits ausgenutzten Enddarminhalt ihrer Wirte leben, kann auch
von einem Nahrungsentzug kaum die Rede sein.

Wir wissen, daß ein Wirtstier einem Parasitenbefall keineswegs
hilflos ausgeliefert ist, sondern durch besondere Abwehrreaktionen vielfach in der Lage ist, die Anzahl seiner Parasiten in Grenzen

zu halten (s. S. 92). Bei einem durch Nahrungsmangel oder ungünstige Umwelteinflüsse geschwächten Tier kann dieser natürliche Abwehrmechanismus allerdings zusammenbrechen und daraufhin der Parasitenbefall so ansteigen, daß Krankheit und Tod die Folge ist. Bei in Gefangenschaft lebenden Haus- und Zootieren und in gewisser Beziehung auch beim Menschen, werden durch das enge Zusammenleben in einem begrenzten Raum darüberhinaus die Infektions- und Invasionsbedingungen für Parasiten so günstig, daß ein unnatürlicher Massenbefall und damit verbundene Schädigungen des Wirtes nicht selten sind und durch hygienische und therapeutische Maßnahmen bekämpft werden müssen.

Unter natürlichen Verhältnissen in freier Natur ist jedoch ein Befall der Tiere mit bestimmten Schmarotzern in vielen Fällen so häufig, daß man ihn als durchaus normal bezeichnen kann. Ein in Grenzen bleibender Parasitenbefall gehört zu vielen wildlebenden Tieren eben so selbstverständlich, wie die Hasen und Rehe zu einer Waldwiese.

II. Welche Stadien schmarotzen?

Neben den sogenannten permanenten Parasiten, die, wie z. B. die Läuse, mit all ihren Entwicklungsstadien ständig parasitisch leben, gibt es auch periodische Schmarotzer, bei denen nur bestimmte Entwicklungsstadien auf einen Wirt angewiesen sind, andere dagegen nicht.

Sind es ausschließlich die *Larvenstadien*, die schmarotzen, so spricht man von *Larvalparasitismus*. Ein solcher liegt z. B. bei den Schlupfwespen (Ichneumoniden) und Raupenfliegen (Tachinen) vor, deren Maden als Parasitoide in anderen Insekten leben, während bei den frei fliegenden Geschlechtstieren nichts mehr an diese Lebensweise erinnert. Auch unsere Süßwassermuscheln *(Anodonta, Unio)*, die den Großteil ihres Lebens auf dem Grunde der Gewässer verbringen und sich ihre mikroskopisch kleine Nahrung herbeistrudeln, machen in ihrer Jugend eine parasitische Phase durch. Aus den Eiern entwickeln sich im Schutz des Muschelkörpers winzig kleine Larven, die „Glochidien" (Abb. 32, 7). Sie besitzen eine zweiklappige, klaffende Schale, die durch

einen Muskel geschlossen werden kann und auf dem Mantelrand
Tastsinnesorgane; jedoch fehlt ihnen ein Darm. Diese Glochidien
werden zu Tausenden von der Muschel ausgestoßen, driften frei
im Wasser und können so von Fischen mit dem Atemwasser
aufgenommen werden oder mit deren Körperhaut in Berührung
kommen. Sobald dies geschieht, schnappt das Glochidium mit seinen beiden Schalenrändern, wie mit einem Maul zu, so ein Stück Kiemen- oder Hautgewebe erfassend. Auf diese Weise verankert, wird das Glochidium vom Fischgewebe umwuchert und abgekapselt (Abb. 6). Die Larve verdaut nun das von der Schale umschlossene Gewebe, resorbiert den Nahrungsbrei mit der gesamten Körperoberfläche und wandelt sich im Fischgewebe in eine kleine Muschel um, die schließlich die Haut ihres Wirtes durchbricht, zu Boden sinkt und in langen Jahren wieder zu einer großen Muschel heranwächst. Typische Larvalparasiten sind schließlich auch die Wassermilben (Hydracarina), deren Larvenformen als Ektoparasiten in

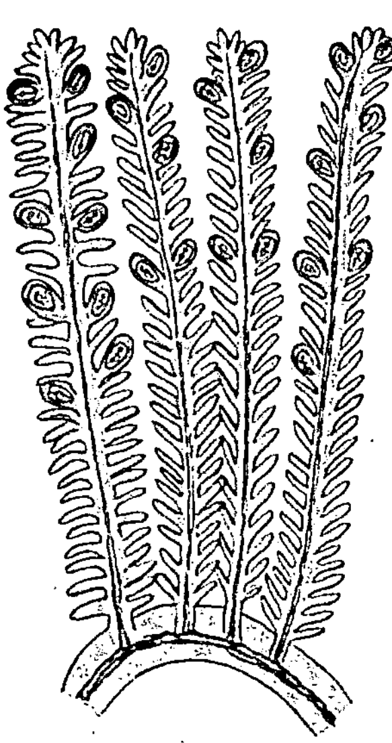

Abb. 6. Vier Kiemenblätter eines Fisches mit eingeschlossenen Glochidien der Flußperlmuschel. (Aus Hesse-Doflein 1943)

Form kleiner roter Kugeln vor allem an Wasserinsekten festgesogen (Wasserwanzen, Libellenlarven u. a.) anzutreffen sind
(Abb. 7), während sich die geschlechtsreifen Milben als oft kugelförmige, braun und rot gefärbte Tiere strampelnd im Wasser
frei bewegen.

Bei den *Adultparasiten* dagegen schmarotzen nur die erwachsenen Stadien, die Larven sind freilebende Tiere. So ist es z. B. bei
den Flöhen, wo die Imagines, sowohl im Bau ihrer Mundwerkzeuge, als auch durch ihr Sprungvermögen, ihre Flügellosigkeit,
die Komprimiertheit ihres Körpers und andere Eigenschaften,
typische Anpassungen an die ektoparasitische Lebensweise zeigen

und als reine Blutsauger im Hinblick auf die Nahrung ganz auf ihren Wirt angewiesen sind, während ihre Larven als Detritusfresser in den Nestern ihrer tierischen Wirte oder beim Menschenfloh in den Ritzen des Fußbodens leben, ohne je ein Wirtstier aufsuchen zu müssen.

Auch einige Larvenstadien vieler entoparasitischen Würmer und Krebse leben frei und tragen so aktiv zur Verbreitung und zum Befall eines neuen Wirtstieres bei (s. u.).

Bei manchen Ektoparasiten schließlich schmarotzen nur die Vertreter eines Geschlechtes. So sind bei den Stechmücken

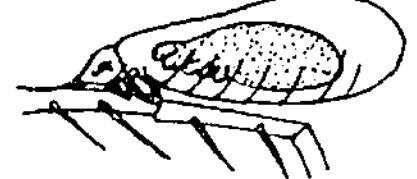

Abb. 7. Nymphenstadium einer Wassermilbe *(Hydrachna)*, am Bein eines Wasserinsekts festgesogen. (Aus MARTINI 1941)

(Culiciden) und Bremsen (Tabaniden) nur die Weibchen lästige Blutsauger und beschaffen sich so die für die Eiproduktion nötigen Nährstoffe, während die Männchen entweder überhaupt keine Nahrung zu sich nehmen oder sich mit Blütensäften begnügen.

III. Die Rolle der Wirte im Leben der Schmarotzer

Zum Parasiten gehört das Wirtstier, als jener Organismus, auf den der Schmarotzer angewiesen ist. Die mannigfachen Anpassungen, die eine so spezialisierte Lebensweise erforderlich macht, haben zur Folge, daß kein Schmarotzer jedes beliebige Tier als Wirt nutzen kann. Jede Parasitenart ist daher auf eine begrenzte Anzahl von Wirtstierarten beschränkt, ist also mehr oder weniger wirtsspezifisch. Neben Schmarotzern, die in relativ zahlreichen Wirtsarten leben können, wie z. B. der Fischbandwurm *(Diphyllobothrium latum)*, der in Bären, Hunden, Katzen, Füchsen und anderen Tieren und auch im Menschen vorkommt und seine Jugendentwicklung in Fischen durchläuft (s. S. 16, Abb. 8), stehen andere, die auf eine ganz bestimmte Wirtstierart spezialisiert sind und nur dort geschlechtsreif werden, wie z. B. der Schweine- und Rinderbandwurm *(Taenia saginata* und *solium)* und die Kleiderlaus *(Pediculus humanus)*, die völlig auf den Menschen beschränkt sind. Diese Spezialisierung kann im Laufe der Individualentwicklung eines Schmarotzers allerdings wechseln, wenn dazu mehrere verschiedene Wirte benötigt werden. An einigen Beispielen wollen wir uns das betrachten.

1. Die Entwicklung des Fischbandwurmes

Zahlreiche Parasiten benötigen für ihre Individualentwicklung nur ein einziges Wirtstier, das entweder nur von den Larvenstadien des Schmarotzers befallen wird oder in dem die geschlechtsreifen Individuen leben, so es nicht, wie bei den permanenten Parasiten, allen Entwicklungsstadien als Wirt dient. Den Entwicklungsgang solcher Parasiten bezeichnet man als direkt. Im Gegensatz dazu steht der indirekte Entwicklungsgang anderer Schmarotzer, der dadurch kompliziert ist, daß deren Larven- und Adultstadien in verschiedenen Wirtstieren leben. Zur Vollendung der Individualentwicklung solcher Parasiten sind also mindest zwei verschiedene Wirte nötig, es findet ein *Wirtswechsel* statt. Als *Endwirt* bezeichnen wir in diesen Fällen jenes Tier, in dem die Entwicklung des Schmarotzers beendet, er also geschlechtsreif wird; im Zwischenwirt dagegen werden nur bestimmte Phasen der Jugend- d. h. Larvalentwicklung des Parasiten durchlaufen. Im Zwischenwirt läuft also die Entwicklung des Schmarotzers nur bis zu einem bestimmten Stadium (= Invasionsstadium), um dann zu sistieren. Erst im Endwirt kann dann die Entwicklung fortgesetzt und vollendet werden. Durch eine solche Einschaltung von Zwischenwirten in den Entwicklungsgang eines Parasiten wird zum einen die freilebende Phase verkürzt oder gar ganz ausgeschaltet, da ja nun auch die Larvenstadien einen Wirt haben, zum anderen aber erhöht sich dadurch die Möglichkeit vor allem räuberisch lebende Wirte zu besiedeln, da der Zwischenwirt oft ein Beutetier des Endwirtes ist, letzterer also mit der Nahrung auch gleichzeitig den Parasiten mit aufnimmt. Am Beispiel des Fischbandwurmes *(Diphyllobothrium latum)* wollen wir einen solchen indirekten Entwicklungsgang mit gleich zwei Zwischenwirten näher kennenlernen (Abb. 8). Endwirt des Fischbandwurmes ist unter anderem (s. o.) der Mensch. In seinem Darm leben die geschlechtsreifen Bandwürmer und legen Eier ab, die mit dem Kot ins Wasser gelangen müssen. Dort machen sie die Embryonalentwicklung durch und in Abhängigkeit von der Wassertemperatur schlüpft nach zwei bis vier Wochen aus jedem Ei eine mikroskopisch kleine Larve, das sogenannte Coracidium. Diese Larve besitzt 6 winzige Haken zur

späteren Verankerung im 1. Zwischenwirt und ist umgeben von
einer Wimpern tragenden Hüllschicht. Durch Wimperschlag be-

Abb. 8. Der Entwicklungsgang des Fischbandwurmes *(Diphyllobothrium latum)*. (*1*) Reifes Ei verläßt den Wirt (Mensch) und gelangt ins Wasser (*2*). Dort schlüpft die Coracidium-Larve. Nach der Aufnahme durch den Hüpferling (= 1. Zwischenwirt), in dem sich die Stadien 3 bis 5 entwickeln, wächst die Larve (*4*) zum Procercoid (*5*) heran. Im 2. Zwischenwirt (Fisch) erfolgt die Weiterentwicklung zum Plerocercoid (*6*), das schließlich im Endwirt (Mensch) zum Bandwurm auswächst (*7*). (Aus PIEKARSKI 1954). Die Figuren sind in unterschiedlichem Maßstab. 1, 2, 3 u. 4 sind mikroskopisch kleine Stadien

wegt sie sich wie ein Pantoffeltierchen frei im Wasser und muß nun
von einem „Wasserfloh", einem Hüpferling *(Cyclops, Diaptomus)*,

gefressen werden, der als 1. Zwischenwirt dient. In dessen Darm
streift das Coracidium die jetzt ja nicht mehr nötige Wimper-
hüllschicht ab, durchbohrt die Darmwand des Krebschens und
gelangt so in dessen Leibeshöhle, wo sich die Larve mit ihren 6
Haken am Gewebe verankert. Hier entwickelt sich die Bandwurmlarve ein Stück weiter bis zum sogenannten Procercoid, einer
Larvenform mit bestachelter Oberfläche und einem abgesetzten
Schwanzanhang, der jetzt die 6 Haken trägt. Eine Weiterentwicklung dieses Stadiums findet nun nur statt, wenn der befallene
Hüpferling seinerseits von einem Fisch gefressen wird, der als
2. Zwischenwirt dienen kann. Bei der Verdauung der Beute im
Fischdarm wird jetzt das Procercoid frei, durchbohrt nun die
Darmwand des Fisches, wobei es den Schwanzanhang verliert,
und gelangt auf diese Weise in die Leibeshöhle des Fisches. Hier
setzt sich die Bandwurmlarve wiederum fest und wächst jetzt zum
Plerocercoidstadium heran, das bereits einen Kopfabschnitt mit
der Anlage von Sauggruben erkennen läßt und bis zu 6 mm groß
werden kann. Wiederum sistiert damit die Entwicklung. Sie geht
erst weiter, wenn der befallene Fisch von einem geeigneten Endwirt — z. B. einem Menschen — aufgenommen wird, denn nun
haftet sich das bei der Verdauung freiwerdende Plerocercoid an
der Darmwand des Endwirtes mit seinen Sauggruben an und
entwickelt sich in etwa 3 Wochen zum geschlechtsreifen Bandwurm, der über 4000 Glieder hervorbringen und über 10 Meter
lang werden kann.

Der Entwicklungsgang des Fischbandwurms ist also in mehrere
Abschnitte gegliedert. Auf eine Phase im Freien, außerhalb jed-
weden Wirtes (Ei, Coracidiumlarve), folgt ein Abschnitt im
1. Zwischenwirt (Procercoid im Hüpferling), ein weiterer im
2. Zwischenwirt (Plerocercoid im Fisch), bis schließlich der
Endwirt (z. B. Mensch) erreicht ist. Alle diese Schritte, sowohl der
Aufenthalt der Eier im Freien, als auch der in den zwei Zwischenwirten, können nur nacheinander gegangen werden, keine Phase
in dieser Entwicklungsreihe kann übersprungen werden. Unter
besonderen Umständen können dagegen noch zusätzliche weitere
„Wirte" eingeschaltet sein. Wenn der zweite Zwischenwirt
(Fisch) nämlich nicht von einem „passenden" Endwirt (Säugetier) aufgenommen, sondern Beute eines Raubfisches, z. B. eines

Hechtes wird, so kann das Plerocercoid sich bei diesem erneut durch die Darmwand bohren und sich wieder in der Leibeshöhle festsetzen, ohne sich weiter zu entwickeln. Auf diese Weise hat das Plerocercoid die Chance über den Raubfisch doch noch in einen geeigneten Endwirt zu gelangen. Ein solch zusätzlich eingeschalteter Wirt, in dem keinerlei Entwicklung abläuft und der daher auch entbehrlich ist, wird allgemein als Transportwirt oder Wartewirt bezeichnet, weil in ihm der Parasit gewissermaßen darauf wartet doch noch in einen geeigneten Endwirt transportiert zu werden.

Im Prinzip ähnlich ablaufende Entwicklungsgänge unter Einschaltung von Zwischen- und eventuell auch Transportwirten finden wir außer bei den Bandwürmern auch bei den Fadenwürmern (Nematoden), Saugwürmern (Trematoden) und Kratzern (Acanthocephalen). Den eines Saugwurmes wollen wir noch kurz betrachten, weil von den dabei auftretenden Stadien in anderem Zusammenhang noch die Rede sein wird.

2. Der Entwicklungsgang der Saugwürmer

Bei den Trematoden kann die Entwicklung bei den verschiedenen Arten einen recht unterschiedlichen Verlauf nehmen. Wählen wir als Beispiel einen typischen Fall, der erst in letzter Zeit eingehend untersucht wurde (DÖNGES), den Saugwurm *Posthodiplostomum cuticola* (Abb. 9). Der geschlechtsreife Parasit lebt im Darmtrakt des Fischreihers, der somit den Endwirt darstellt. Die mit dem Kot des Vogels abgehenden Eier entwickeln sich im Wasser zu einer mikroskopisch kleinen bewimperten Larve, dem sogenannten Miracidium, das schließlich aus der Eischale schlüpft und frei schwimmend eine bestimmte Wasserschneckenart, nämlich die Posthornschnecke *(Tropidiscus-Planorbis)* aufsucht, welche als 1. Zwischenwirt dient. Dort angekommen bohrt sich das Miracidium durch die Haut der Schnecke, verliert dabei sein Wimperkleid und gelangt so über das Lymphsystem in deren Leber. Dort wächst die Larve zu einem schlauchförmigen Gebilde, der sogenannten Sporocyste aus, in deren Inneren „Keimballen" gebildet werden, die sich zu weiteren Tochtersporocysten entwickeln. Auch diese stellen einfache Schläuche, ohne besondere Organisation dar. Im Innern dieser Tochtersporocysten entstehen

nun wiederum Keimballen, aus denen eigenartig geschwänzte
Larvenformen hervorgehen, die wie kleine Kaulquappen aussehen und für Saugwürmer allgemein charakteristisch sind. Man
nennt sie Schwanzlarven oder Cercarien. Diese Cercarien bohren

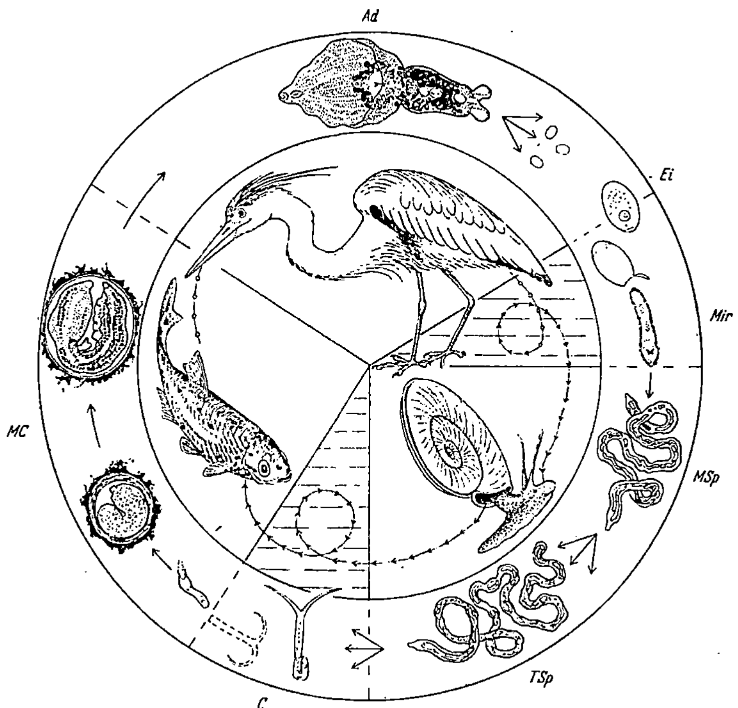

Abb. 9. Entwicklungsgang des Trematoden *Posthodiplostomum cuticola*. *Ad.* ge-
schlechtsreifer Wurm im Endwirt (= Fischreiher), *Mir* Miracidium frei im
Wasser; dringt in Wasserschnecke ein und entwickelt sich dort zur Mutter-
sporocyste (*MSp*). In dieser entstehen Tochtersporocysten (*TSp*), in denen
sich Cercarien (*C*) entwickeln, die die Schnecke verlassen, um in einen Fisch
einzudringen und in dessen Haut zu Metacercarien (*MC*) werden. (Aus DÖNGES
1963, Z. f. Parasitenkunde Bd. 24). Die einzelnen Stadien in unterschiedlichem
Maßstab dargestellt.

sich aktiv durch die Haut der Schnecke ins umgebende Wasser,
verlassen also ihren 1. Zwischenwirt. Frei im Wasser durch rasche
Schwanzschläge sich fortbewegend, suchen sie nun einen 2.
Zwischenwirt, nämlich einen Fisch. Bei ihm angelangt, bohren

sich die Cercarien in dessen Haut ein, wobei sie ihren Schwanz abwerfen, dringen bis in die Muskulatur vor und entwickeln sich zu „Metacercarien", die bereits wie kleine fertige Saugwürmer aussehen, aber im Fisch nicht geschlechtsreif werden. Erst wenn der Endwirt, in unserem Beispiel also ein Fischreiher, einen so befallenen Fisch frißt, werden die Metacercarien durch die Verdauungssäfte des Vogels aus der Fischmuskulatur befreit, gelangen in den Darm und wachsen dort zu geschlechtsreifen Saugwürmern heran, die ihrerseits wieder Eier ablegen, womit die Entwicklung von vorne beginnen kann.

Dieser komplizierte Entwicklungsgang erfährt bei manchen Saugwurmgruppen einige Modifikationen. Bei den auch im Menschen parasitierenden Pärchenegeln (Schistosomen) z. B. fällt der 2. Zwischenwirt aus. Die aus den Schnecken (1. Zwischenwirt) frei werdenden Cercarien bohren sich aktiv über die Haut gleich in den Endwirt ein, wenn dieser mit larvenhaltigem Wasser in Berührung kommt, gelangen dabei in ein Blutgefäß und lassen sich mit dem Blutstrom in die Leber verfrachten, wo sie ihre Weiterentwicklung beginnen (s. S. 102). Auch beim großen Leberegel der Rinder *(Fasciola hepatica)* fehlt der 2. Zwischenwirt. Die aus den Schnecken auswandernden Cercarien encystieren sich hier an Grashalmen, bilden also eine freie Metacercarie, die vom Endwirt mit der Pflanzennahrung aufgenommen wird. Auch die freilebende Phase der ersten Larve, des Miracidiums, kann unterdrückt sein, besonders bei solchen Saugwürmern, die ihren Entwicklungsgang an Land durchlaufen. So schlüpft beim kleinen Leberegel der Schafe *(Dicrocoelium dendriticum)* das Miracidium erst aus der Eischale, wenn das Ei von einer bestimmten Landschnecke mit der Nahrung aufgenommen worden ist (Abb. 44), also erst im Darmtrakt des Zwischenwirtes, um sich von dort in die Leber zu begeben. Dies sind nur einige wenige der zahlreichen Abwandlungen, die beim Entwicklungsgang verschiedener Saugwürmer vorkommen.

Ähnlich indirekt, unter Einschaltung eines Zwischenwirtes, verläuft die Entwicklung auch bei den Kratzern und manchen Nematoden (s. S. 77 u. Abb. 43).

IV. Die Verbreitung des Parasitismus im Tierreich

Nachdem wir im Vorhergehenden einige wichtige Fakten und Begriffe zur Definition des Parasitismus kennengelernt haben, wollen wir uns, ehe wir aus dem Leben der verschiedenen Schmarotzer etwas erfahren, zuerst einen Überblick verschaffen, welche Tiergruppen denn überhaupt Parasiten hervorgebracht haben.

Die parasitische Lebensweise ist im Tierreich außerordentlich weit verbreitet. So wie es Räuber und Pflanzenfresser bei den verschiedensten Tiergruppen gibt, so haben auch fast alle größeren systematischen Einheiten parasitisch lebende Vertreter hervorgebracht. Wollten wir hier alle Parasitengruppen auch nur kurz besprechen, wir müßten den Umfang dieses Bändchens weit überschreiten. Wir wollen uns daher darauf beschränken, in einem groben Überblick über das Tierreich aus jeder größeren systematischen Einheit wenigstens ein paar charakteristische parasitische Vertreter zu nennen, dabei gelegentlich auch solche berücksichtigend, die weniger bekannt sind, wenn es gilt das Bild zu runden.

1. Die Einzeller

Beginnen wir mit den Einzellern oder Protozoen, die durch ihre geringe Größe für eine entoparasitische Lebensweise prädestiniert erscheinen. In der Tat haben fast alle hierher gehörigen Klassen auch Schmarotzer hervorgebracht. Unter den auch mit freilebenden Arten im Wasser weitverbreiteten *Geißeltierchen (Flagellaten)* sind es die im Blut und anderen Körpersäften lebenden Trypanosomiden, die als Schmarotzer am bekanntesten sind, gehören dazu doch so gefürchtete Parasiten des Menschen, wie die Erreger der Schlafkrankheit *(Trypanosoma gambiense und rhodesiense)* (Abb. 10). Neben Wirbeltieren werden u. a. auch zahlreiche Insekten von Trypanosomiden befallen und selbst im Milchsaft einiger Pflanzen (z. B. *Fucus* und Wolfsmilchgewächse) sind hierher gehörige Formen *(Phytomonas)* nachgewiesen. Die in Wirbeltieren schmarotzenden machen einen Wirtswechsel durch

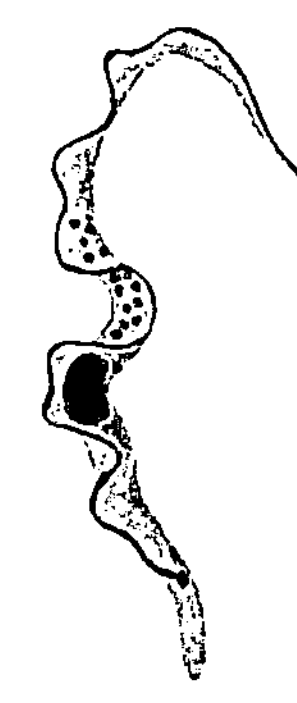

Abb. 10. *Trypanosoma rhodesiense* ist ein Erreger der Schlafkrankheit des Menschen. (Aus Piekarski 1954)

und werden durch blutsaugende Insekten oder Blutegel übertragen.

Auch die *Amöben* oder Wechseltierchen haben neben zahlreichen freilebenden Arten viele parasitische Vertreter hervorgebracht, die zum Großteil im Darmtrakt ihrer Wirte schmarotzend, vor allem in der Gruppe der Entamöben zusammengefaßt werden. Vertreter dieser Gruppe finden sich weit verbreitet bei den verschiedensten Tiergruppen, z. B. bei Insekten (auch in der Honigbiene), Blutegeln und Wirbeltieren. Auch im Menschen leben mehrere, so *Entamoeba gingivalis* im Zahnbelag und *Entamoeba coli* im Darmtrakt, beide als harmlose Bakterienfresser, während *Entamoebae histolytica* (Abb. 11) in die Schleimhautgewebe des Dickdarms vordringen kann und dann als Erreger der sogenannten Amöbenruhr pathogen wird.

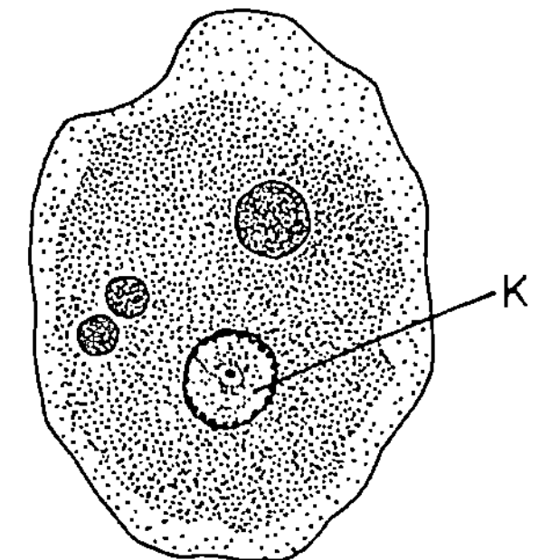

Abb. 11.
Entamoeba histolytica, die Ruhramöbe. *K* der Zellkern. (Nach DOBELL aus CHANDLER: Introduction to Parasitology, N. Y.)

Der Stamm der *Sporentierchen oder Sporozoen* umfaßt als recht heterogene Gruppe ausschließlich entoparasitische Formen, die sowohl in Körperhöhlen, als auch in den Geweben ihrer Wirte leben. Als solche sind zahlreiche Wirbellose — auf sie sind z. B. die Gregarinida (Abb. 37) beschränkt — und Wirbeltiere bekannt. Für letztere sind die Haemosporidia typisch, die in den roten Blutkörperchen ihrer Wirte schmarotzen und zu denen die gefürchteten Malaria-Erreger *(Plasmodium)* des Menschen gehören. Als Überträger dieser Blutschmarotzer dienen blutsaugende Mücken *(Anopheles)*, in denen die geschlechtlichen Vorgänge des Entwicklungsganges ablaufen.

Auch bei den *Wimpertierchen oder Ciliaten* sind parasitische Vertreter nicht selten. Sie leben z. T. als Ektoparasiten auf der Haut wasserbewohnender Wirte, wie z. B. Vertreter der Gattung *Trichodina* (Abb. 74), die man auf Süßwasserpolypen *(Hydra)*, Strudelwürmern (Planarien), Fischen u. a. finden kann. Andere Ciliaten leben als Entoparasiten vor allem im Darmtrakt ihrer Wirte. Die im Pansen der Wiederkäuer und im Blinddarm von

Pferden und Elefanten regelmäßig und in großer Individuenzahl mit mehreren Arten auftretenden, z. T. bizarr gestalteten Ento-

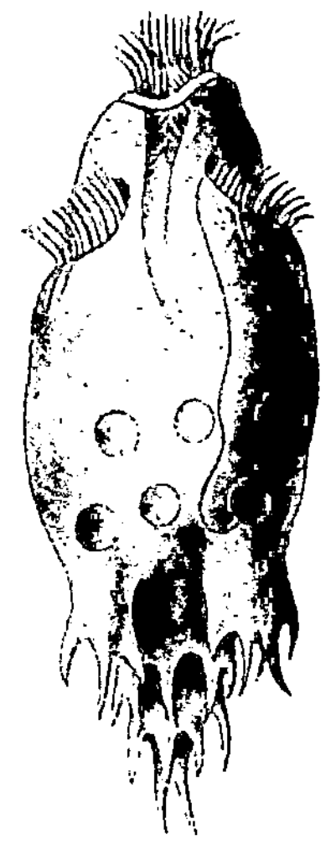

diniomorpha (Abb. 12) werden vielfach als Symbionten betrachtet, die an der pflanzlichen Nahrung ihrer Wirte teilhaben, sich rasch vermehren und zum Teil von ihren Wirten als wertvolles tierisches Eiweiß verdaut werden.

2. Wirbellose Mehrzeller

Wenden wir uns nun den Mehrzellern zu, so finden wir unter den *Schwämmen* (Porifera) keine echten Parasiten. Das wird schon anders bei den *Hohltieren oder Coelenteraten*, die als Polypen und Quallen oder Medusen bekannt sind. Obgleich parasitische Vertreter auch hier selten sind, kennt man doch vor allem unter den marinen Narcomedusen einige Arten, die an anderen Quallen (Hydromedusen) schmarotzen. So lebt eine reduzierte Quallenform von *Cunoctantha* angeheftet an der Hydromeduse *Turritopsis*, wobei das lang ausgezogene Mundrohr des Parasiten in den Magen des Wirtes eingeführt wird, um so

Abb. 12.
Das Wimpertier
Ophryoscolex caudatus
aus dem Darm des
Rindes. (Aus Hesse-
Doflein 1943)

Nahrung zu erlangen (Abb. 13). Bei der Mehrzahl der schmarotzenden Narcomedusenarten scheint eine parasitische mit einer freilebenden Generation abzuwechseln.

Noch sehr umstritten ist die systematische Stellung der *Morulatiere oder Mesozoa*. Diese nur aus zwei Zellschichten bestehenden und höchstens einige Millimeter messenden Tiere gleichen oberflächlich mit ihrem Cilienbesatz einem Wimpertierchen und leben ausschließlich parasitisch in marinen Wirbellosen, vor allem in den Nierenanhängen von Tintenfischen, aber auch in Würmern und Stachelhäutern (Seeigel, Seesterne usw.). Über ihren Entwicklungsgang besteht noch wenig Klarheit, ebenso darüber, ob ihr primitiver Bau als ursprünglich oder als reduziert zu betrachten ist.

In die Gruppe der *Plattwürmer (Plathelminthes)* gehören die Bandwürmer (Cestoda) und Saugwürmer (Trematoda s. l.), zwei ausschließlich parasitische Vertreter umfassende Klassen, die durch ihre Lebensweise so weitgehend abgewandelt sind, daß sich über ihren Anschluß an freilebende Formen, die als Ahnen in Frage kommen, nur wenig sagen läßt.

Die *Bandwürmer (Cestoda)* leben als Entoparasiten nur in Wirbeltieren, wo sie, von den Fischen bis zu den Säugetieren im Dünndarm schmarotzend, artenreich vertreten sind. Da sie die vom Wirt bis zur Resorbierbarkeit verdaute Nahrung mit der ganzen Körperoberfläche aufnehmen, fehlt ihnen Darm und Mundöffnung. Der Körper der fast stets zwittrigen Tiere ist in eine oft sehr große Zahl von Gliedern (Proglottiden) geteilt (Abb. 8). Die jeweils hintersten, mit befruchteten Eiern angefüllten Glieder lösen sich bei den meisten Arten als Ganzes ab und verlassen mit den Exkrementen den Wirtskörper, während vom Kopfabschnitt her, der meist Haft-

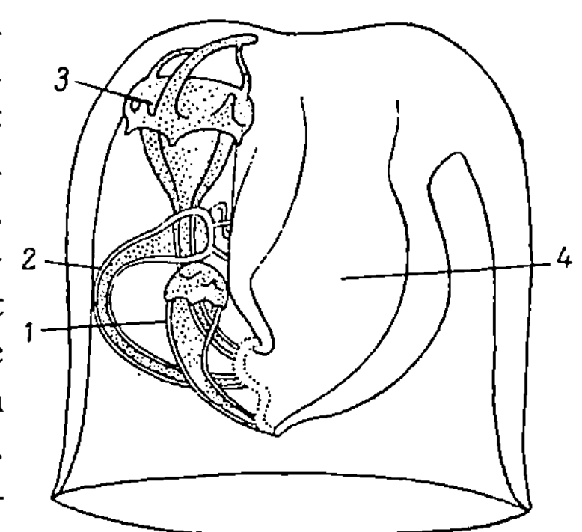

Abb. 13. Drei verschieden alte Stadien der parasitischen Qualle *Cunoctantha octonaria* (*1, 2, 3*), die sich am Mundrohr (*4*) der Meduse *Turritopsis* festgesetzt haben. (Aus DOGIEL 1963)

vorrichtungen in Form von Hakenkränzen und Sauggruben oder Saugnäpfen trägt (Abb. 32, *1*), neue Glieder nachgebildet werden. Als Zwischenwirte für den stets indirekten Entwicklungsgang fungieren sowohl Wirbeltiere als auch Wirbellose (vor allem Gliedertiere, wie Krebse und Insekten). Am Beispiel des Fischbandwurmes haben wir schon den typischen Entwicklungsgang eines Vertreters kennengelernt (s. S. 16). Schweine und Rinderbandwurm sind auf den Menschen als Endwirt spezialisiert. Schweine, bzw. Rinder dienen als Zwischenwirte.

Die *Saugwürmer oder Trematoden* benutzen als Endwirte ebenfalls nur Wirbeltiere. Man gliedert sie in zwei Großgruppen, von denen die sogenannten Monogenea vor allem Ektoparasiten im Wasser lebender Wirte, die Digenea dagegen ausschließlich Entoparasiten stellen. Auch in anderer Beziehung recht different, scheinen diese beiden Gruppen sich unabhängig voneinander aus freilebenden

Plattwürmern entwickelt zu haben. Wir wollen sie daher getrennt betrachten. Die *monogenen Saugwürmer* sind in der Mehrzahl Ektoparasiten vor allem der Fische, wo sie auf der Haut oder an den Kiemen mit Hakenapparaten oder Saugnäpfen angeheftet leben (Abb. 32, *2* u. *3*). Einige wenige Arten schmarotzen auch in Fröschen und Süßwasserschildkröten, sind dort jedoch zu Entoparasiten geworden, die die Harnblase bzw. die Nasenhöhle besiedeln (s. S. 86). Die Entwicklung verläuft bei den Monogenea über eine freischwimmende Flimmerlarve, die sich direkt wieder an einem Wirt festsetzt, ohne daß Zwischenwirte eingeschaltet werden. Die *digenen Saugwürmer (Digenea)* (Abb. 9, 44 u. 56) sind dagegen ausschließlich Entoparasiten, die als Endwirte Vertreter der verschiedenen Wirbeltierklassen, von den Fischen bis zu den Säugetieren befallen und dort nicht nur im Darm, sondern auch in Lunge und Leber („Leberegel"), im Blutgefäßsystem, in der Harnblase und anderen Organen schmarotzen. Zur Festheftung im Wirt dient vor allem ein Mund- und ein Bauchsaugnapf und zur Verdauung der aufgenommenen Nahrung ist ein afterloser Darmtrakt erhalten. Der Entwicklungsgang der meist zwittrigen Saugwürmer ist stets indirekt und verläuft meist über zwei Zwischenwirte. Den 1. Zwischenwirt stellt in nahezu allen Fällen ein Weichtier, meist eine Schnecke; als 2. Zwischenwirt können verschiedene Wirbellose und Wirbeltiere dienen. Den Verlauf einiger typischer Entwicklungsgänge haben wir bereits oben kurz besprochen (s. S. 19).

Neben den Bandwürmern und Saugwürmern kennt man nun noch vereinzelt parasitische Vertreter bei Plattwurmgruppen, die im wesentlichen freilebende Arten umfassen.

Bei den *Strudelwürmern oder Turbellarien*, die freilebend in Bächen unter Steinen häufig anzutreffen sind (Planarien), treten in der Ordnung Rhabdocoela einige wenige Entoparasiten auf, so z. B. die in der Leibeshöhle und im Darmtrakt von Stachelhäutern (Echinodermen) und marinen Weichtieren lebenden Dalyelloidea, von denen man auch freilebende Arten kennt. Am stärksten an die parasitische Lebensweise angepaßt ist *Fecampia*, ein Strudelwurm, der in die Leibeshöhle mariner Asseln eindringt und dort Mundöffnung und Schlund abbaut, was darauf schließen läßt, daß die Nahrung mit der Körperoberfläche aufgenommen wird. Mit

Vorbehalt als Ektoparasiten zu bezeichnen sind schließlich die Strudelwürmer der Ordnung *Temnocephala*. Man findet diese am Vorderende mit Tentakeln und am Hinterende mit einem Saugnapf versehenen (Abb. 14) und unbewimperten Würmer vor allem auf Krebsen, auf deren Panzer sie egelartig herumkriechen und sich vor allem von Plankton ernähren, das der „Wirt" mit dem Atemwasser herbeistrudelt.

Auch unter den vor allem marin, aber auch im Süßwasser verbreiteten *Schnurwürmern oder Nemertini* gibt es nur einige wenige Parasiten. Die meisten Anpassungen an das Schmarotzertum zeigt *Malacobdella grossa*, die in der Mantelhöhle von Muscheln *(Cyprina)* lebt und sich mit einem großen Saugnapf am Hinterende festheften kann.

Die *Aschelminthen oder Schlauchwürmer* stellen in drei Gruppen zahlreiche parasitische Vertreter.

Die *Nematomorpha oder Gordiacea*, als erste, sind ausschließlich Larvalparasiten in der Leibeshöhle von Gliederfüßern (vor allem Insekten und Tausendfüßer) (Abb. 53). Die adulten Männchen und Weibchen dagegen leben im Freien, nehmen dort allerdings keine Nahrung zu sich, sondern zehren von den Reservesubstanzen, die die Larven in ihrer parasitischen Zeit angelegt haben. Hierher gehört *Gordius aquaticus*, das sogenannte Wasserkalb.

Die *Acanthocephalen oder Kratzer* dagegen sind in allen Entwicklungsstadien ausnahmslos Entoparasiten, deren Endwirte ausschließlich von Wirbeltieren gestellt werden. Dort leben sie im Darmtrakt, wo sie sich mit ihrem rüsselartigen und mit zahlreichen, in Reihen angeordneten Haken versehenen Vorderende in der Schleimhaut fixieren (Abb. 32, *4*). Die Nahrungsaufnahme erfolgt bei den Kratzern, wie bei den Bandwürmern, über die Körperoberfläche; ein Darm fehlt ihnen daher. Die stets indirekte Entwicklung macht einen Zwischenwirt erforderlich, als welcher ein Insekt oder ein Krebs dient.

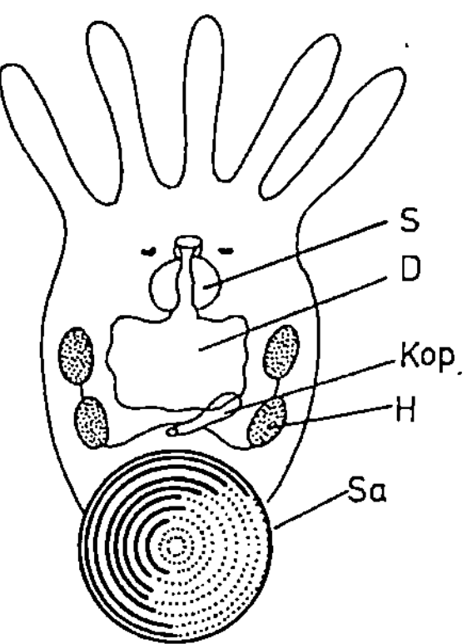

Abb. 14. Die Bauchseite eines Temnocephalen. *S* Schlund, *D* Darm *Kop.* Begattungsapparat, *H* Hoden, *Sa* Saugnapf. (Nach BAER 1952)

Bei den *Fadenwürmern (Nematoden)* schließlich finden sich neben zahlreichen freilebenden Arten ebenso zahlreiche, teils höchst spezialisierte Entoparasiten (Abb. 50), denen Borstenwürmer (Oligochaeten), Tausendfüßer (Diplopoden) (Abb. 55), Milben (Acarina), Insekten, Weichtiere und Wirbeltiere als Endwirte dienen. Es gibt reine Larvalparasiten unter den Nematoden, wie z. B. die Mermithiden, deren Larven in Insekten und Schnecken schmarotzen, während die geschlechtsreifen Tiere frei in der Erde leben — und andere, bei denen bestimmte Abschnitte der Larvalentwicklung im Freien ablaufen, während die geschlechtsreifen Tiere Entoparasiten sind, wie z. B. die Hakenwürmer des Menschen *(Ancylostoma* s. S. 126). Neben Parasiten mit direkter Entwicklung gibt es bei den Fadenwürmern auch solche mit indirekter (Abb. 43), wobei die verschiedensten Wirbellosen, aber auch Wirbeltiere als Zwischenwirte genutzt werden (s. S. 88).

Im Endwirt besiedeln die verschiedenen Nematodengruppen nicht nur den Darm, sondern auch Lunge und Leber, Niere und Blutgefäßsystem, Harnblase und Unterhautbindegewebe u. a. werden befallen. Durch diese große Mannigfaltigkeit in der Lebensweise und der Form des Parasitismus liefern die Nematoden günstige Objekte für vergleichende Studien, weshalb wir noch mehrfach auf sie zu sprechen kommen werden. Der Mensch ist Endwirt für zahlreiche Nematoden, von denen hier nur die Spulwürmer *(Ascaris)*, Madenwürmer *(Oxyuris = Enterobius)* und die Trichine *(Trichinella)* genannt seien.

Die restlichen Gruppen der Aschelminthes, so die mikroskopisch kleinen *Gastrotrichen* und *Kinorhynchen* und die rein marinen *Priapuliden* sind wenig bekannt und haben keine Parasiten hervorgebracht. Auch unter den im Süßwasser häufigen *Rädertieren (Rotatoria)* gibt es nur einige wenige parasitische Arten, die u. a. in der Leibeshöhle von Ringelwürmern schmarotzen, wie die wurmförmige *Albertia*.

Die *Ringelwürmer (Annelida)* sind als freilebende Tiere im Meer, im Süßwasser und auf dem Lande reich entwickelt, spielen als Parasiten jedoch eine überraschend kleine Rolle. Unter den zahl- und formenreichen marinen Borstenwürmern (Polychaeten) gibt es nur wenige ektoparasitisch auf Fischen lebende Vertreter, neben Kommensalen, von denen wir ja schon oben gesprochen haben

(s. S. 5). Auch unter den im Süßwasser und auf dem Lande verbreiteten Oligochaeten, zu denen der allbekannte Regenwurm *(Lumbricus)* gehört, kennt man nur wenige Schmarotzer. In der heimischen Fauna kann man mit Vorbehalt nur *Branchiobdella* dazu zählen, einen kleinen Wurm, der, mit einem Saugnapf am Hinterende versehen, auf dem Panzer von Flußkrebsen egelartig herumkriecht (Abb. 15). Er trägt im Schlund 2 gezähnte, scharfkantige Kiefer, mit denen er in der Lage ist, die dünnen Gelenkhäute des Krebses zu durchstechen und Körperflüssigkeit des Wirtes zu saugen, nimmt jedoch nachweislich auch Plankton als Nahrung zu sich. Neben

Abb. 15 a

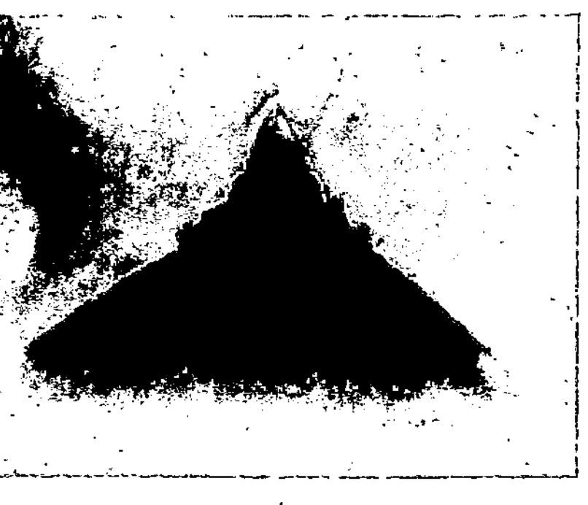

Abb. 15 b

Abb. 15. *Branchiobdella* lebt auf Flußkrebsen. Daneben einer der beiden gezähnten Kiefer des Wurmes (Original). *K* Kiefer, *S* Saugnapf

vielen räuberisch lebenden Arten finden sich relativ zahlreiche Ektoparasiten unter den *Egeln oder Hirudinea*, die am Vorder- und Hinterende je einen Saugnapf tragen. Sie suchen meist nur kurzfristig einen Wirt auf, um ihm Blut abzuzapfen, wie z. B. der medizinische Blutegel *Hirudo medicinalis*. Die Fischegel (Ichthyobdellidae) (Abb. 32, *5* u. *1*) dagegen verbleiben für lange Zeit an ihrem Wirt angeheftet, schreiten dort auch zur Paarung, verlassen ihn jedoch zur Eiablage. Ein bei Enten parasitierender Rüsselegel

(Theromyzon tessulatum) dringt sogar in Rachen und Nasenhöhle seines Wirtes vor, um dort „entoparasitisch" Blut zu saugen, verläßt jedoch nach der Nahrungsaufnahme seinen Wirt wieder.

Wir können die Gruppe der Ringelwürmer nicht verlassen, ohne nicht noch die den Polychaeten nahestehenden, jedoch eine eigene Klasse bildenden und ausschließlich Parasiten umfassenden *Myzostomiden* (Abb. 64) zu erwähnen. Sie leben als Ekto- und Entoparasiten auf und in den rein marinen Stachelhäutern, wobei sie die zarten Haarsterne (Crinoidea) als Wirte bevorzugen. Dort kriechen diese flachen, meist scheibenförmigen Tiere entweder auf der Oberfläche herum oder sie setzen sich fest, wobei sie oft von gallenartigen Wucherungen der Wirtshaut umschlossen werden. Einige Arten sind bis in den Darm und die Leibeshöhle von Schlangensternen (Ophiuroidea) vorgedrungen und leben dort entoparasitisch.

Im Gegensatz zu den Anneliden ist die Mannigfaltigkeit und Häufigkeit parasitischer Vertreter bei den *Gliederfüßern (Arthropoda)* sehr groß, so daß wir hier nur wenige typische Entwicklungsstufen nennen können und sehr viel unerwähnt lassen müssen.

Beginnen wir mit den *Krebsen (Crustacea)*. Sie haben eine Fülle ekto- und entoparasitisch an und in Wassertieren lebende Arten hervorgebracht und spielen im Wasser die Rolle, die am Land den zahlreichen schmarotzenden Insekten, den Flöhen, Läusen, Federlingen und Wanzen zukommt.

Nur *temporäre Ektoparasiten* sind die Karpfenläuse (Argulidae), die auf der Haut und den Kiemen von Süßwasserfischen festgeheftet leben (Abb. 32, *10*). Als Haftapparate dienen die zu Haken umgewandelten Fühler und ein Paar gut entwickelter Saugnäpfe. Mit ihren stechenden Mundwerkzeugen saugen sie Blut, sind jedoch in der Lage ihren Wirt zu verlassen und sich mit ihren 4 Paar gut entwickelten Schwimmbeinen frei im Wasser zu bewegen.

Auch unter den Asseln (Isopoda) gibt es ähnlich lebende Formen, so die marinen Fischasseln (z. B. *Anilocra*), die sich mit ihren hakenförmigen Beinen an der Fischhaut anklammern, jedoch ebenfalls frei schwimmend von einem Wirtstier auf ein anderes überwechseln können.

Bei den zu den Hüpferlingen (Copepoden) gehörigen *Ergasiliden* schmarotzen nur die Weibchen an den Kiemen von Süßwasserfischen, während die Larvenstadien und auch die Männchen als freilebende Krebschen im Wasser herumschwimmen und dort auch planktontische Nahrung zu sich nehmen.

Hochgradige durch den Parasitismus bedingte Abwandlungen der Krebsgestalt finden wir bei den *Lernaeiden,* wo die an den Fischkiemen mit wurzelartigen Auswüchsen des Vorderkörpers verankerten und aus den Kiemengefäßen Blut aufnehmenden Weibchen nur mehr Säcke darstellen, die kaum noch die für Krebse typische Gliederung und Extremitäten erkennen lassen (Abb. 16). Die zahlreich produzierten Eier werden, wie auch bei den freilebenden Hüpferlingen, in entsprechend langen Eischläuchen am Körper angeheftet getragen, was den Zoologen half, diese reduzierten Schmarotzer als Krebse zu erkennen.

Neben diesen Ektoparasiten kennt man bei den Krebsen auch zahlreiche, meist hochgradig umgestaltete entoparasitische Formen.

Ausschließlich im Larvenstadium entoparasitisch leben die Monstrilliden, wobei ihnen marine Borstenwürmer (Poly-

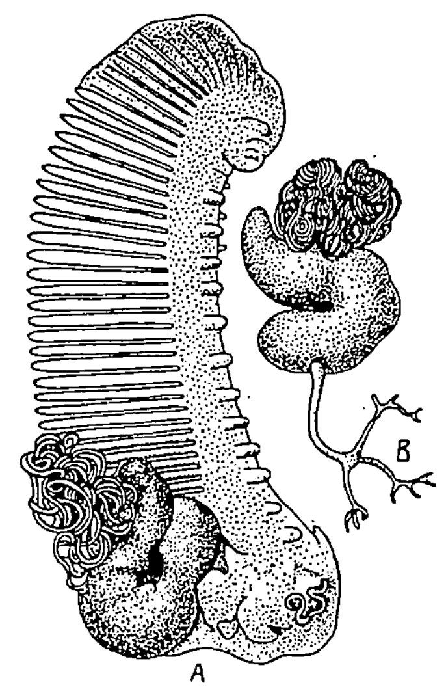

Abb. 16A u. B. A Kiemenbogen eines Fisches, an dem ein parasitischer Krebs *(Lernaeocera branchialis)* sitzt. B der isolierte Schmarotzer mit den nach oben gerichteten, aufgerollten Eisäcken und dem verzweigten, nach unten gerichteten Vorderkörper. (Aus DOGIEL 1963)

chaeten), aber auch Schnecken (Prosobranchier) als Wirte dienen. Die geschlechtsreifen Krebse dagegen, wie auch das erste Larvenstadium, der Nauplius, finden sich als geschickte Schwimmer im marinen Plankton, besitzen jedoch keine Mundwerkzeuge und nur noch einen rückgebildeten Darm, so daß sie in dieser freilebenden Phase ihres Lebens keine Nahrung zu sich nehmen können. Findet die freischwimmende Naupliuslarve einen als Wirt geeigneten Borstenwurm, so bohrt sie sich durch dessen Haut in die Leibeshöhle,

wobei die Hülle des Nauplius und die Extremitäten abgeworfen
werden, so daß nur eine weitgehend undifferenzierte Zellmasse
weiter in ein Blutgefäß des Wirtes vordringt. Diese umgibt sich

dort mit einer cuticulären Hülle und
bildet am „Vorderende" meist zwei
lange Auswüchse, mit deren Hilfe
Nährstoffe aus dem Blut des Wirtes ab-
sorbiert werden (Abb. 17). Im Schutz
der Larvenhaut entwickelt sich dann
der fertige Krebs mit Geschlechtsorganen und Extremitäten, der sich
nach Abschluß seiner Entwicklung

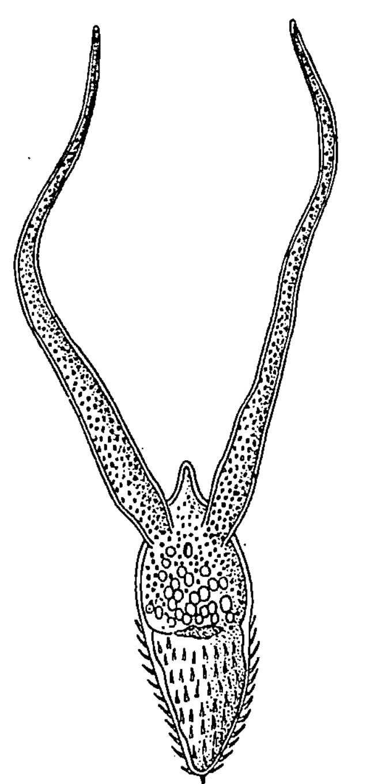
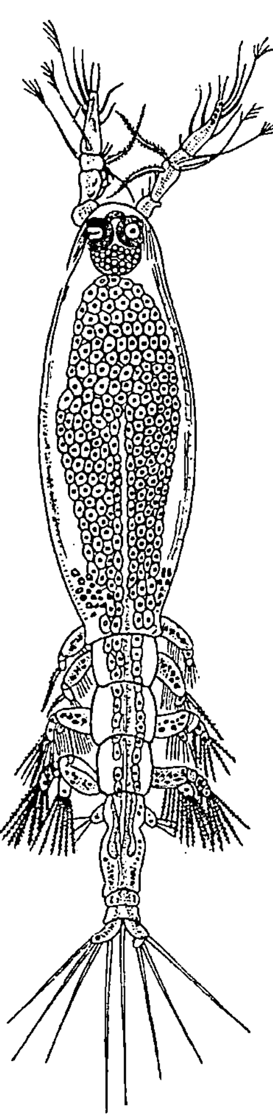

Abb. 17. Zwei Stadien aus dem Leben eines Monstrilliden *(Haemocera danae)*
Das parasitische Larvenstadium mit zwei Auswüchsen zur Resorption der
Nahrung erinnert kaum an einen Krebs, während das geschlechtsreife, frei
im Wasser lebende Weibchen (daneben) typische Krebsgestalt aufweist. (Aus
DOGIEL 1963)

aus dem Wirt ausbohrt und sein freies Leben im Meer beginnt. Bei den Monstrilliden ist also die parasitisch lebende Larvenform so abgewandelt, daß man in ihr wohl kaum ein Krebstier vermuten würde, während das freilebende geschlechtsreife Tier die typischen Charakteristika eines Hüpferlings aufweist.

Genau umgekehrt liegen die Verhältnisse bei den Rhizocephalen oder Wurzelkrebsen, zu denen der bekannte Sackkrebs *(Sacculina)* gehört (Abb. 18). Hier schmarotzt das geschlechtsreife Tier in Krebsen, vor allem Krabben. Freilich ist in dieser Phase kaum zu erkennen, daß es sich bei dem Parasiten um einen Krebs handelt. Man findet das gesamte Innere einer befallenen Krabbe bis in die Beine hinein durchzogen von einem reich verzweigten Wurzelsystem, in das der Körper des Schmarotzers aufgespalten ist, um so mit einer möglichst großen Oberfläche Nährstoffe aus dem Wirtstier aufzunehmen. Auf der Bauchseite des Wirtes bricht nach einiger Zeit ein sackförmiger Abschnitt der *Sacculina* durch die Haut. In diesem „Brutsack" entwickeln sich die Eier zu typischen Krebslarven (Nauplien), die ins Wasser abgegeben werden und sich frei schwimmend in eine weitere Larvenform, das sogenannte Cyprisstadium verwandeln. Dieses ist so charakteristisch gebaut, daß an ihm die Zugehörigkeit der Rhizocephalen zu den Rankenfüßerkrebsen (Cirripedien), zu denen auch die sessilen Seepocken gehören, zu erkennen ist. In diesem Falle liegt also eine hochgradige Umgestaltung des fertig entwickelten Parasiten vor, während die freischwimmenden Larvenstadien die typische Krebsorganisation beibehalten haben.

Unter den *Spinnentieren (Chelicerata)* suchen wir bei den Skorpionen und echten Spinnen vergeblich nach Parasiten, wenn wir von dem eigenartigen Beuteschmarotzertum der Haubennetzspinnen, von dem auf S. 5 die Rede war, absehen. Bei den Milben (Acari) dagegen finden sich neben zahlreichen Detritus fressenden und räuberischen Vertretern eine Fülle von Arten, die in unterschiedlichster Weise parasitisch leben (Abb. 19). Da gibt es temporäre Ektoparasiten, die nur zur Nahrungsaufnahme einen Wirt aufsuchen, um ihn dann wieder zu verlassen, wie manche Vogelblutmilben (Dermanyssiden) und ständig auf dem Wirt verbleibende, stationäre Ektoparasiten, z. B. im Haarkleid der Säuger (Listrophoriden) oder im Gefieder von Vögeln (Analgesiden).

Nur im Larvenstadium schmarotzen dagegen die Wassermilben
(Hydracarina), deren Nymphen man nicht selten mit den Mundwerkzeugen an Wasserinsekten festgesogen finden (s. S. 14, Abb. 7).
Am bekanntesten sind schließlich die ektoparasitischen Zecken

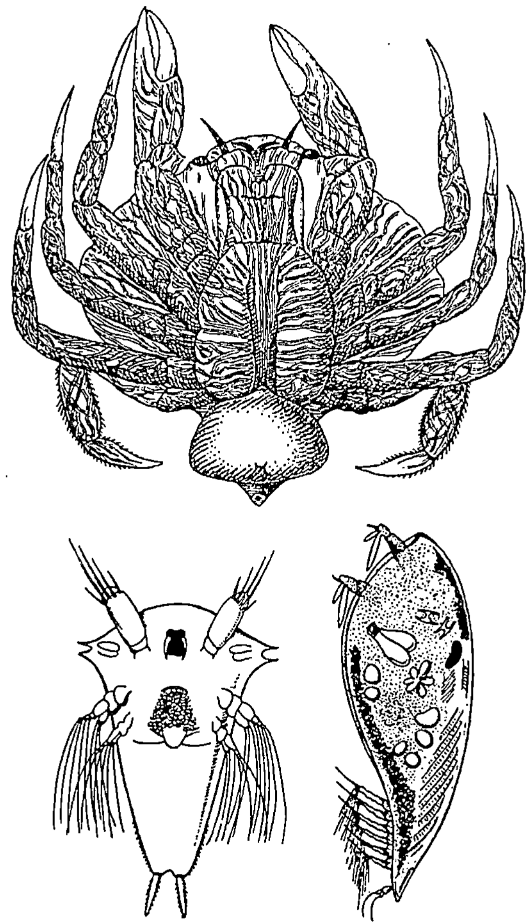

Abb. 18. Der Sackkrebs *(Sacculina)* durchsetzt mit seinen Ausläufern wurzelartig eine Krabbe (den Wirt) und bricht am Hinterende seines Wirtes sackartig
hervor. Darunter zwei aufeinanderfolgende Larvenstadien von *Sacculina*, die
den Schmarotzer als Krebs ausweisen. (Aus GOLDSCHMIDT: Einführung in
die Wissensch. v. Leben. Berlin-Göttingen-Heidelberg: Springer 1954)

(Ixodoidea) (Abb. 20), die mit ihren 3 Entwicklungsstadien meist jeweils einen neuen Wirt — vor allem Reptilien und Säugetiere — aufsuchen müssen. Dabei befallen sie im ersten Larvenstadium vielfach Kriechtiere, vor allem Eidechsen, ehe sie im 2. Stadium warmblütige Tiere oder auch den Menschen Blut abzapfen.

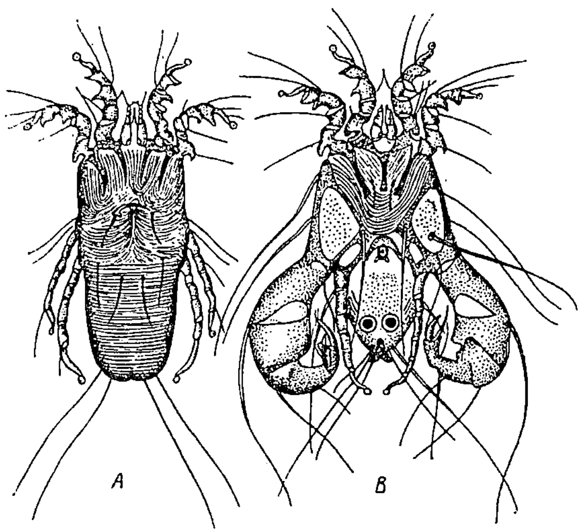

Abb. 19. Die Milbe *Analgopsis passerinus* lebt im Gefieder von Sperlingen. *A* Weibchen, *B* Männchen mit stark vergrößertem hinterem Beinpaar, mit dem es das Weibchen bei der Begattung festhält. (Aus DOGIEL 1963)

Auch zum Entoparasitismus sind verschiedene Milbengruppen übergegangen, einmal dadurch, daß sie, wie die Krätzemilben (*Acarus-Sarcoptes*), sich in die Hautschichten ihrer Wirte (Säugetiere) einbohren, zum anderen haben sie über die Atemöffnungen den Weg ins Innere ihrer Wirte gefunden. So kennt man bei Vögeln blutsaugende Milben in den Nasenmuscheln (*Rhinonyssus*) oder gar in der Lunge (*Cytodites*). Auch bei einigen Säugetieren parasitieren Milben in den Atmungsorganen und zwar bei Altweltaffen (z. B. *Pneumonyssus*) und bei Robben (s. S. 148). Bei den Insekten sind es besonders die Tracheen, die von entoparasitischen Milben befallen werden, so die der Honigbiene von *Acarapis woodi*.

Den Cheliceraten (Spinnentieren) angeschlossen wird eine weniger bekannte, rein marin lebende Klasse, die der *Assel-*

spinnen oder Pantopoda. Die meist nur in Millimetern messenden geschlechtsreifen Tiere leben räuberisch auf den Kolonien von Hohltieren und weiden die Polypenköpfchen ab. Die Larvenformen der meisten Asselspinnen dagegen sind entweder Ektoparasiten, die die Stiele der Polypen anstechen, um Körpersäfte und Gewebe aufzusaugen oder gar Entoparasiten, die in das Innere der Polypen vordringen, wobei es in manchen Fällen zu gallenartigen Auftreibungen des Wirtskörpers kommen kann.

Abb. 20. Ein junges Stadium der Zecke *Ixodes*. (Original)

Die einzige, ausschließlich Entoparasiten umfassende Klasse der Gliederfüßer sind schließlich die *Zungenwürmer (Pentastomida oder Linguatulida)*. Ihr wurmförmiger, geringelter Körper trägt zur Verankerung im Wirtsgewebe am Vorderende zwei Hakenpaare (Abb. 32, *6*). Zungenwürmer leben in den Atmungsorganen und ihren Anhängen vor allem bei tropischen Reptilien; einige wenige Arten finden sich auch in der Nasenhöhle von Säugetieren (z. B. Hunden) und in den Luftsäcken von Möwenvögeln und saugen dort Blut. Die Entwicklung ist nur von wenigen Arten bekannt und verläuft über einen Zwischenwirt. Als Zwischenwirte dienen Wirbeltiere, die die larvenhaltigen Eier aufnehmen (Abb. 36). Das erste Larvenstadium ist mit hakentragenden Extremitäten versehen und erinnert an den Keim eines Gliederfüßers (Abb. 21). Es bohrt sich durch den Darm in die inneren Organe des Zwischenwirtes, wo über mehrere Häutungen die Umwandlung in ein Nymphenstadium erfolgt, das sich erst nach Aufnahme durch den Endwirt weiter entwickelt.

Unter dem Begriff *Tausendfüßer (Myriapoda)* werden recht unterschiedliche Gruppen (Diplopoden, Chilopoden, Pauropoden u. a.) zusammengefaßt, unter denen sich jedoch keine Parasiten befinden.

Bei den *Insekten*, die mit einer unerhörten Arten- und Formen-
fülle nahezu alle terrestrischen Lebensräume unserer Erde besiedelt haben, überrascht es nicht, daß sie auch eine bunte Reihe
parasitischer Gruppen hervorbrachten, darunter so bekannte,
wie die Läuse und Flöhe. Auch hier können wir nur mit einigen
wenigen Beispielen die Mannigfaltigkeit andeuten.

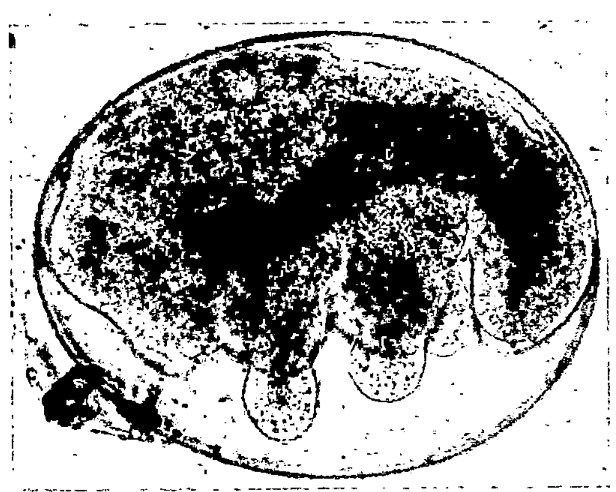

Abb. 21. Ein junger Keim des Zungenwurms *Reighardia sternae* umgeben von
einer starken Keimhülle. In diesem Stadium besteht große Ähnlichkeit mit
Entwicklungsstadien von Gliederfüßern, vor allem im Hinblick auf die
zweigliedrigen Beinanlagen. (Original)

Ausschließlich stationäre Ektoparasiten, die ihre gesamte Entwicklung auf warmblütigen Wirbeltieren durchmachen, umfaßt
die Ordnung der *Tierläuse (Phthiraptera)*, deren Vertreter alle
keine Flügel besitzen. Die *echten Läuse (Anoplura)* (Abb. 32, *11* u.
70) sind ganz auf Säugetiere beschränkt und saugen Blut, die
Federlinge und Haarlinge (Mallophaga) dagegen, kommen sowohl
auf Vögeln, als auch in geringerer Artenzahl auf Säugetieren vor
(Abb. 73 u. 57), haben beißende Mundwerkzeuge und fressen
meist an den Haaren und Federn, aber auch Hautabscheidungen.
Ein Federling *(Piagetiella)* lebt im Inneren des Kehlsackes von
Pelikanen, nimmt dort aus der Haut Blut auf und ist so gewissermaßen Entoparasit geworden. Zur Eiablage begibt er sich jedoch
ins Gefieder des Pelikans.

Die zweite, ausschließlich parasitische Vertreter aufweisende
Insektenordnung, die der *Flöhe (Aphaniptera)* umfaßt dagegen

in der Mehrzahl temporäre Ektoparasiten, die ihre Wirte — und als solche kommen Warmblüter, also Vögel und Säugetiere in Betracht — nur zum Blutsaugen aufsuchen, die übrige Zeit sich jedoch oft getrennt von ihnen in deren Nestern aufhalten (Abb. 65). Einige wenige Arten sind jedoch zu stationären Schmarotzern geworden, bei denen wenigstens die Weibchen sich fest auf dem Wirt verankern und ihn nie verlassen, wie z. B. der Sandfloh des Menschen *(Tunga)*. Daß die Flohlarven unabhängig von einem Wirtstier von Detritus leben, haben wir schon erwähnt.

Auch die parasitischen *Wanzen (Hemiptera)*, zu denen auch die berüchtigte Bettwanze *(Cimex lectularius)* gehört, sind zumeist temporäre Ektoparasiten, doch müssen hier auch die Larvenstadien an ihrem Wirt Blut saugen. Im Fell von Fledermäusen leben jedoch blinde Arten (Polycteniden), die ihre Wirte nicht verlassen. Die meisten Wanzenarten freilich saugen Pflanzensäfte oder stechen als Räuber andere Insekten an, um sie auszusaugen. Die größte Mannigfaltigkeit im Hinblick auf den Parasitismus bieten unter den Insekten die *Zweiflügler (Diptera)*, die auch eine enorme Fülle freilebender Arten (z. B. Stubenfliege, Fleischfliege, Fruchtfliegen u. a.) aufzuweisen haben. Da gibt es z. B. temporäre Ektoparasiten, die, wie die Stechmücken und Bremsen, den Wirt nur kurzfristig und u. U. nur einmal zum Blutsaugen aufsuchen, während ihre Larvenstadien frei im Wasser oder in der Erde leben (s. o.). Dagegen sind einige Vertreter der Laus-

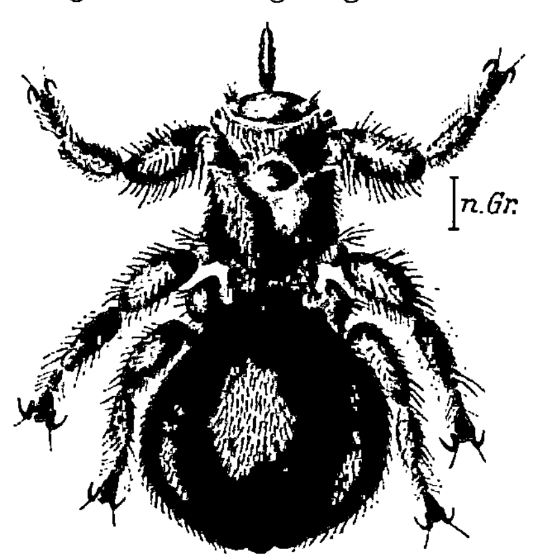

Abb. 22. Die „Schaflaus" *Melophagus ovinus* gehört zu den Fliegen. (Aus PIEKARSKI 1954)

fliegen (Hippobosciden) (Abb. 42) stationäre Ektoparasiten geworden, die z. T. völlig flügellos, wie die sogenannte Schlaflaus *(Melophagus ovinus)* (Abb. 22), ihren Wirt nie verlassen. Bei diesen Insekten werden die Larven im mütterlichen Körper genährt und verpuppungsreif geboren. Während die meisten Lausfliegen auf dem Körper ihres Wirtes (Vogel oder Säuger) frei herumlaufen können, bohrt sich bei *Ascodipteron*, einer auf indo-malayischen Fledermäusen lebenden Art, das Weibchen in die Haut seines Wirtes ein, wirft dabei die Flügel und die Beine ab und schwillt zu einem sackförmigen Gebilde an (Abb. 47), von dem nur noch das Hinterende aus der Haut ragt, um so verpuppungsreife Larven ins Freie entlassen zu können. Die Männchen dagegen bleiben „normal" gestaltete Insekten mit Flügel und Beinen. Hier liegt also der seltene Fall vor, daß ein geschlechtsreifes weibliches Insekt entoparasitisch lebt. Entoparasitische Larvenstadien (Abb. 32, *8*) dagegen kommen bei Zweiflüglern häufiger vor, so z. B. bei den schon erwähnten Dasselfliegen (s. S. 3), bei denen das freifliegende adulte Tier völlig unabhängig vom Wirt ist.

Weitverbreitet ist schließlich Larvalparasitismus bei bestimmten *Hautflügler (Hymenoptera)-Gruppen* (Abb. 41 u. 58), deren Maden in anderen Insekten schmarotzen, wie die der Schlupfwespen (Ichneumoniden), Erzwespen (Chalcididen), Brackwespen (Braconiden) und andere, ihren Wirt jedoch letztlich meist töten (s. S. 2) und daher zur biologischen Schädlingsbekämpfung gegen Blattwespen, Schmetterlingsraupen und andere Schadinsekten eingesetzt werden.

Neben den genannten Insektenordnungen, die in größerer Zahl Parasiten hervorgebracht haben, stehen andere, unter deren Vertretern es nur wenige parasitische Arten gibt. Von den *Käfern (Coleoptera)* z. B. ist der sogenannte Biberkäfer *(Platypsyllus)* ein echter Schmarotzer geworden (Abb. 23). Sowohl die Larven, als auch die flügellosen und blinden Imagines leben im Fell des Bibers und fressen Hautschuppen. Selbst unter den *Schmetterlingen (Lepidoptera)* gibt

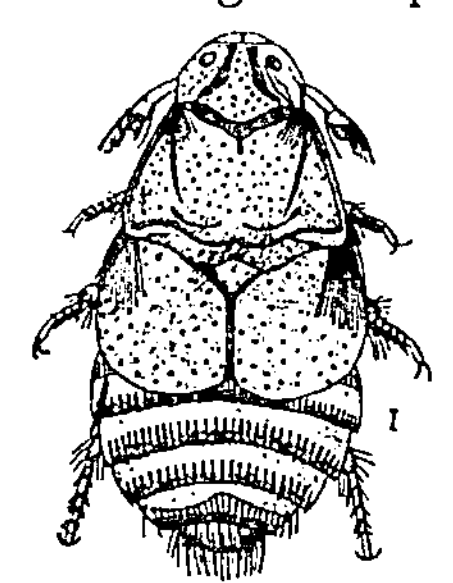

Abb. 23.
Der Biberkäfer *Platypsyllus castoris* lebt im Fell des Bibers. (Aus MARTINI 1941)

es parasitische Vertreter. Am bekanntesten davon ist wohl der Faultierzünsler *(Bradypodicola haneli* Fam. Pyralidae*)*, bei dem sowohl die Raupen, als auch die Falter im Fell der südamerikanischen Faultiere leben und dort Talgsekret und Haarsubstanz aufnehmen,

ohne den Wirt je zu verlassen. Da im Fell der Faultiere sich auch
Grünalgen ansiedeln, brauchen diese Schmetterlinge auch auf Vit-
amine nicht zu verzichten. Die Faultiere haben also schon zu Leb-
zeiten „Motten" im Pelz, freilich ohne viel davon zu merken. Unan-
genehmer dürften da schon die Nachtfalter (Noctuiden) der Gattung
Lobocraspis u. a. sein, von denen erst in jüngster Zeit festgestellt

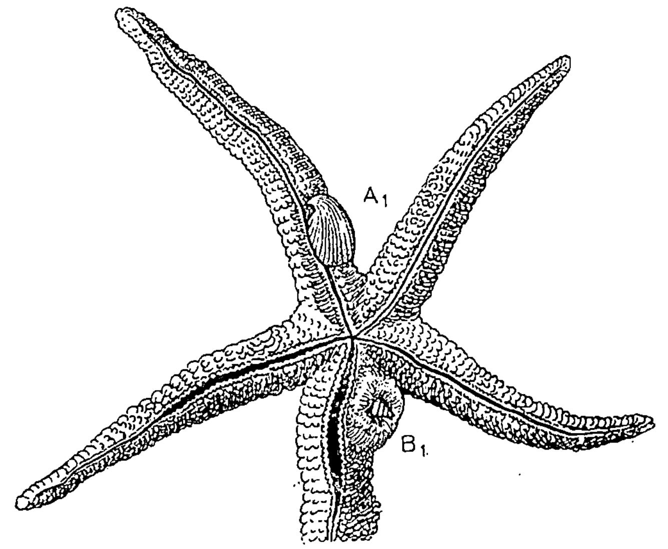

Abb. 24. Zwei ektoparasitische Schnecken (*A₁* und *B₁*) an einem Seestern
(Linckia). *A₁ Thyca ectoconcha, B₁ Stilifer linckiae.* (Aus Hesse-Doflein 1943)

wurde, daß sie in Kambodscha, aber auch in Afrika nachts die
Augen der Großsäuger anfliegen, wohl um an der Tränenflüssig-
keit ihren Durst zu stillen. Da ihr Saugrüssel an der Spitze jedoch
mit feinen Zacken versehen ist, können sie auch die zarte Haut
am Auge ansägen und das austretende Blut aufsaugen.

Im Stamm der *Weichtiere oder Mollusken* finden sich sowohl bei
den Muscheln, als auch bei den Schnecken zum Teil höchst ab-
gewandelte Parasiten. Bei den Muscheln sind es die im Süßwasser
lebenden Formen (Unionidae), deren Larvalparasitismus wir
schon erwähnt haben (Abb. 6). Unter den Schnecken, denen man
eine parasitische Lebensweise am wenigsten zutrauen würde,

40

finden sich Schmarotzer ausschließlich bei den marinen Vorder-
kiemern (Prosobranchier) und zwar sind es hier stets die ausgewachsenen Formen, die vor allem an Stachelhäutern (Echinodermen) parasitieren, während die Larvenformen planktontisch
leben. Reine Ektoparasiten, wie z. B. die Capuliden, die sich oberflächlich an einen Seestern anheften und
mit ihrem Rüssel dessen Haut durch-
brechen, um Körpersäfte und aufgelöstes
Gewebe des Wirtes einzusaugen, haben
den typischen Schneckenhabitus wenig
verändert und auch eine z. T. umfang-
reiche Schale erhalten (Abb. 24). Höchst
abgeleitet und in der Gestalt verändert sind dagegen die entoparasitischen
Wurmschnecken (Entoconchidae), die
in Seewalzen (Holothurien) leben, wobei
sie mit einem Körperende Anschluß an
ein Blutgefäß ihres Wirtes finden. Im ausgewachsenen Zustand stellen sie nur noch
lange, unförmige Schläuche dar, die mit
den Geschlechtsorganen und mit Embryonen angefüllt sind und so wenig an
eine Schnecke erinnern, daß sie ihr Ent-
decker Johannes MÜLLER (1851) zunächst für eigenartige Organe der Seewalze (also des Wirtes) hielt (Abb. 25).
Aus den Embryonen von *Entoconcha* entwickeln sich jedoch die für viele marine
Schnecken typischen, freischwimmenden

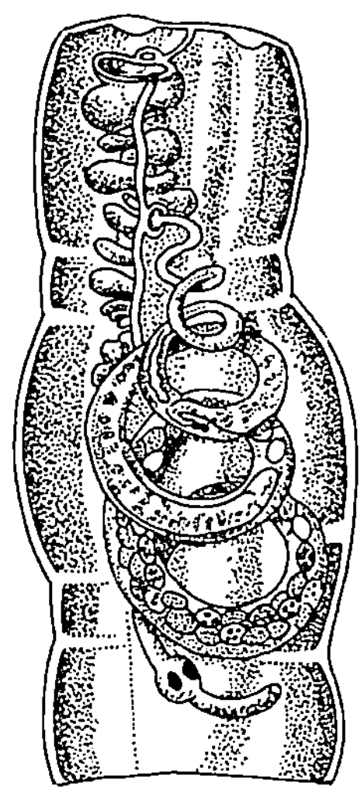

Abb. 25.
Die Wurmschnecke *Ento-
concha mirabilis* lebt angeheftet an das Rücken-
gefäß im Inneren einer
Seewalze, die hier auf-
geschnitten dargestellt ist.
(Nach BAUR aus BAER
1952)

Veligerlarven, mit wohlausgebildeter Schale, Deckel (Operculum)
und Gleichgewichtsorgan (Statocyste), so daß an Hand der Larvenstadien unschwer die Schneckennatur des Parasiten zu erkennen ist.

Während bei den bislang behandelten Vielzellern, die von den
Zoologen wegen bestimmter gemeinsamer Organisationszüge als
„Protostomier" zusammengefaßt werden, parasitische Vertreter
relativ zahlreich vertreten sind, sind solche bei den zu den „Deutero-
stomiern" zählenden Tiergruppen, denen wir uns nun zuwenden, auffallend selten. So hat der große Stamm der Stachelhäuter

(Echinodermen), mit den z. T. artenreichen Klassen der Seesterne, Haarsterne, Schlangensterne, Seeigel und Seewalzen nicht
eine wirklich parasitische Art hervorgebracht. Dasselbe gilt für
die große Gruppe der *Manteltiere (Tunicaten)*. Auch unter den
Wirbeltieren sind parasitische Vertreter, wie wir sehen werden,
äußerst selten.

3. Die Wirbeltiere

In der Klasse der *Rundmäuler (Cyclostomata)*, deren saugnapf-
artige Mundöffnung mit hornigen Raspelzähnchen besetzt ist
(Abb. 26), sind es die Neunaugen (Petromyzonidae), die sich an
Fischen festsaugen, deren Haut annagen und so Blut und Gewebe
aufnehmen. Kleinere Fische werden dadurch getötet, an größeren
wird dagegen nur bis zur Sättigung gesaugt, was beim Meeres-
neunauge *(Petromyzon marinus)* ungefähr drei bis fünf Tage dauert.
Dann läßt es von seinem Wirtsfisch ab, um jeweils etwa einmal im
Monat einen neuen Wirt aufzusuchen.

Die *Fische (Pisces)* sind nur durch wenige Knochenfische
(Teleostei) in der Liste der Parasiten vertreten, wobei es sich in
einigen Fällen mehr um Einmietung handelt. So ist es sicherlich
bei der Brut der Bitterlinge *(Rhodeinae)*, bei denen die Weibchen
mit ihrer langen Legeröhre jeweils einige Eier auf die Kiemenblätter von Süßwassermuscheln ablegen, wo auch die frisch ge-
schlüpften Fischlarven sich aufhalten. Bei dem im Amurgebiet
lebenden Bitterling *Acanthorhodeus asmussi* sind diese Larven gar
wurmförmig gestaltet und mit spitzen Schuppen bedeckt, wodurch sie gut auf den Muschelkiemen herumkriechen können.
Wahrscheinlich nehmen sie mit dem Flimmerstrom von der
Muschel herbeigestrudelte Nahrung auf.

Auch ausgewachsene Fische können sich bei anderen Tieren
einmieten, was z. B. von einer Seenadel *(Corythroichthys)* bekannt
ist, die in der Wasserlunge im Inneren einer Seewalze (Holothu-
rie) lebt. Eine ähnliche Lebensweise ist charakteristisch für mehrere Vertreter der Familie Nadelfische (Fierasferidae), die man
deshalb auch Eingeweidefische nennt. Viele Arten dieser Familie
verbergen sich in Spalten und Löchern des Meeresgrundes, in die
sie sich mit dem spitzen Schwanz voran zurückziehen. Andere
benutzen als „Höhle" jedoch Tiere, so Muscheln, Seescheiden

(Tunicaten) und vor allem Seewalzen (Holothurien). Letzteres gilt auch für den im Mittelmeer verbreiteten Fisch *Fierasfer acus*.

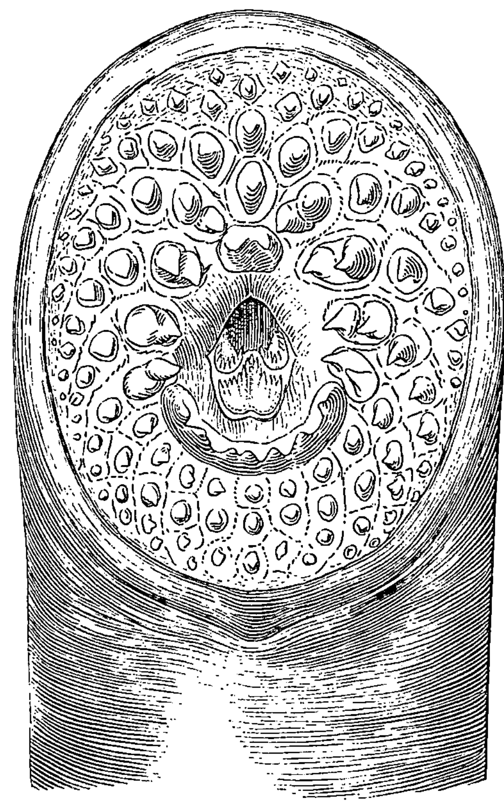

Abb. 26. Der Saugmund des Neunauges *(Petromyzon)* ist mit zahlreichen Hornzähnchen besetzt. (Nach BIGELOW u. SCHROEDER aus PEYER: Die Zähne. Berlin-Göttingen-Heidelberg: Springer 1963)

der sich nahezu ständig in seinem „Wirt" aufhält (Abb. 27). Auch für seine Entwicklung ist die Seewalze notwendig. Die zunächst planktontisch frei im Wasser schwebende Fischlarve — Vexillifer genannt — dringt nämlich bald mit dem Kopf(!) voran über den After in die Wasserlunge einer Seewalze ein und wandelt sich dort in die besonders langschwänzige, sogenannte „Tenius-Larve" um. Diese lebt ständig in der Seewalze; bringt man sie gewaltsam ins

Meerwasser, so stirbt sie. Erst der weiter entwickelte Jungfisch
kann seine Behausung zeitweilig verlassen. Größer geworden
durchstoßen die Fische die dünne Haut der Wasserlunge und
gelangen so in die Leibeshöhle der Seewalze, wo sie von deren
Geschlechtsorganen fressen und somit sich wie wirkliche Parasiten
verhalten. Sie verlassen jedoch auch zeitweilig den Wirt, um im

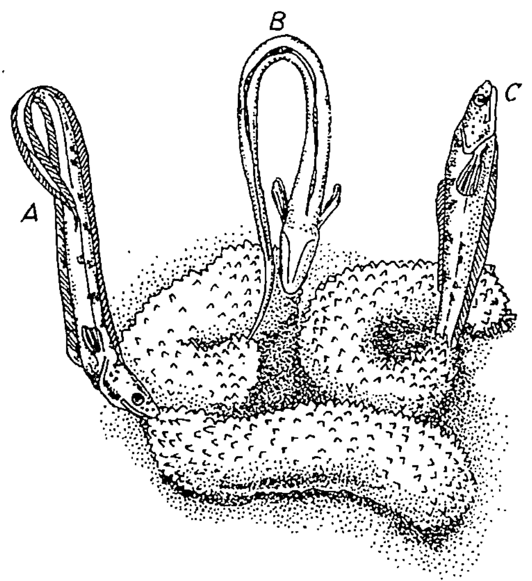

Abb. 27. Der Nadelfisch *Fierasfer acus* lebt in der Wasserlunge von Seewalzen.
Tier *A* sucht mit dem Kopf die Afteröffnung der Seewalze, *B* fädelt gerade
seinen Schwanz ein, während *C* bereits mit dem Schwanz voran in die Seewalze
eindringt. (Nach EMERY aus GRASSE: Traité de Zoologie, Paris, Masson et C.)

Freien Nahrung aufzunehmen, suchen aber, jetzt mit dem Schwanz
voran in den After kriechend, ihre Seewalze immer wieder auf.

Auch temporären Ektoparasitismus kennt man von einigen
Fischen. So lebt im Indopazifik der kleine Schleimfisch *Runula*
(früher *Aspidontus*) *rhinorhynchus*, der sich in blitzschnellem Angriff
größeren Fischen nähert, um ihnen Stücke der Körperschleimhaut
abzubeißen, wovon er sich ausschließlich zu ernähren scheint.
Sein Verwandter, *Runula taeniatus*, hat sogar eine besondere Anpassung erfahren, die es ihm gestattet als „Wolf im Schafspelz"
unerkannt möglichst nahe an seine Wirtsfische heranzukommen,

um sie dann zu überfallen. Dieser Schmarotzer ahmt nämlich in Färbung, Zeichnung und Bewegungsweise einen Lippfisch *(La-broides dimidiatus)* nach (Abb. 28), der als „Putzerfisch" in einer Art Symbiose mit anderen Fischen lebt, indem er diesen ekto-parasitische Krebse von der Haut wegfrißt, sie also gewissermaßen „ablaust". Er wird daher von den Befallenen gerne stillhaltend geduldet (s. S. 111). Davon profitiert der Schmarotzer *Runula*

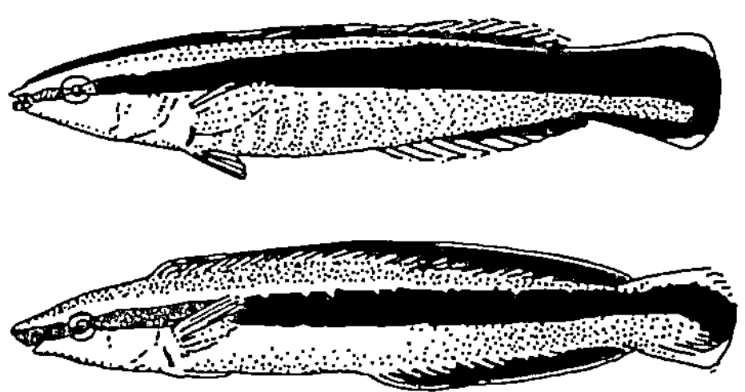

Abb. 28. Der Ektoparasit *(Runula taeniatus)* (unten) ahmt den Putzerfisch *(Labroides dimidiatus)* (oben) in Form und Farbe täuschend nach. (Nach EIBL-EIBESFELDT 1964: Im Reich der tausend Atolle. München, Piper)

taeniatus, dem es gelingt, durch seine Mimikry die Wirte zu täuschen, und der dadurch leichter zum Zubeißen kommt.

Zwei besondere Formen des Parasitismus bei Knochenfischen fallen aus dem üblichen Rahmen und werden daher im Kapitel V (S. 46) besprochen.

Während von den *Lurchen (Amphibien)* und *Kriechtieren (Reptilien)* keine parasitisch lebenden Vertreter bekannt sind, kann man bei den *Vögeln* das schon erwähnte Beuteschmarotzertum (s. S. 5) und vor allem den Brutparasitismus nennen. Im letzteren Fall werden die Eier bestimmten Wirtsvögeln ins Nest gelegt und diesen das Bebrüten und die Aufzucht der Jungen überlassen. Dies ist von unserem Kuckuck allgemein bekannt, jedoch keineswegs auf Kuckucksvögel beschränkt. Brutparasitismus tritt auch bei Witwenvögel (Viduidae), Kuhstärlingen *(Molothrus)*, Honiganzeigern *(Indicatoridae)* und einigen anderen Vogelarten auf.

Selbst die *Säugetiere* sind mit einer Fledermausgruppe in der Liste der Parasiten vertreten. Die in Mittel- und Südamerika verbreiteten echten Vampyrfledermäuse (Desmodontidae) leben nämlich ausschließlich von Blut, das sie vor allem Säugetieren abzapfen. Dazu

suchen sie nachts schlafende Wirtstiere auf, schneiden mit ihren
dazu umgestalteten, messerscharfen Zähnen (Abb. 29) die Haut an
und lecken das austretende Blut auf, wobei sie auch die Erreger
der Tollwut und anderer Seuchen übertragen können.

Abb. 29. Die rechte obere Gebißhälfte der blutsaugenden Fledermaus *(Desmodus
rufus)* zeigt, daß Schneidezahn und Eckzahn zu scharfen Schneidewerkzeugen
umgebildet sind. (Nach GRASSE aus PEYER: Die Zähne. Berlin-Göttingen-
Heidelberg: Springer 1963)

Damit wollen wir unseren groben Überblick über die Verbreitung des Parasitismus abschließen, der bei aller Kürze gezeigt
haben mag, wie zahlreich schmarotzende Vertreter in den verschiedensten Gruppen entwickelt sind und wie unterschiedliche
Wege bei dieser Entwicklung eingeschlagen wurden. Daß sich
darunter auch höchst eigenartige Phaenomene finden, die schwer
in den üblichen Rahmen eingeordnet werden können, mag das
folgende Kapitel zeigen.

V. Besondere Fälle von „Parsitismus"

1. Fremdes Sperma zur Entwicklungsanregung der Eier

Wir sind gewohnt unter Parasiten solche Tiere zu verstehen,
die bei ihrem Wirt vor allem Nahrung finden. Daß es daneben
Organismen gibt, die, wie die Einmieter, bei einem anderen Tier
nur Unterschlupf suchen oder, wie im Falle der Phoresie, allein
von der größeren Beweglichkeit ihrer Transporttiere profitieren
(s. S. 4), haben wir schon erwähnt.

Höchst erstaunlich ist jedoch, daß einige Fische dazu übergegangen sind, zur Besamung ihrer Eier das Sperma anderer

Arten auszunutzen, was man als „Fertilitätsparasitismus" bezeichnet hat. So kennt man bei den auch in Aquarien gehaltenen amerikanischen Mollis *(Mollienesia* und *Poeciliopsis)* bestimmte Arten (z. B. *Molliensia formosa),* bei denen nur Weibchen bekannt sind, männliche Tiere dagegen völlig fehlen oder nur unter Tausenden von Weibchen einmal als Ausnahme auftreten. Die Eier dieser Fische entwickeln sich jedoch nur, wenn ein Samen-

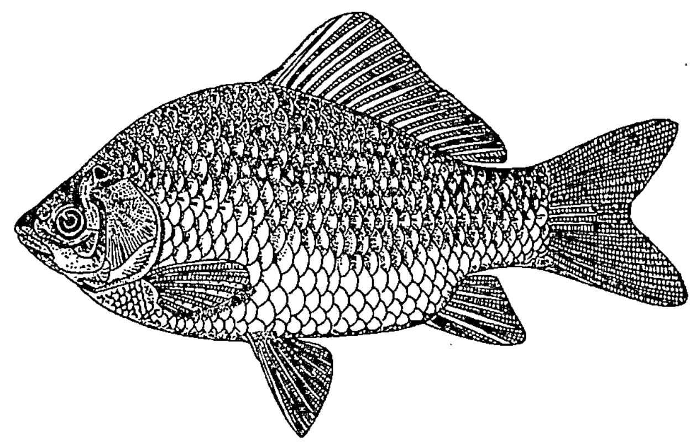

Abb. 30. Die Silberkarausche *(Carassius auratus).* (Nach BERG aus NIKOLSKI: Spezielle Fischkunde, Berlin: VEB Deutscher Verlag d. Wissenschaften)

faden eingedrungen ist. Die Weibchen müssen daher ihre Eier in Gesellschaft anderer laichender Fischarten ablegen, deren Sperma dann auch die Molli-Eier besamt und so die Entwicklung in Gang setzt. Zu einer richtigen Befruchtung, d. h. zur Vereinigung der Zellkerne von Ei- und Samenzelle, kommt es dabei jedoch nicht, vielmehr degeneriert der Kern der Samenzelle, so daß der sich entwickelnde Fischkeim nur mütterliches Erbgut enthält. Als „Spermaspender" kommen dabei vor allem nahe verwandte Fischarten in Betracht. Ähnliche Verhältnisse sind in letzter Zeit auch bei der Karausche, die der Stammform unseres Goldfisches nahesteht, nachgewiesen. Von der ostasiatischen Silberkarausche *(Carassius auratus)* (Abb. 30) existiert im Grenzgebiet zur europäischen Karausche *(Carassius carassius)* westlich der Lena eine ebenfalls „gynogenetische", das heißt ausschließlich aus Weibchen bestehende Population, deren Eier jeweils von artfremdem

Sperma besamt werden müssen, wobei solches verschiedener Karpfenfische (Cyprinidae) benutzt werden kann.

2. Der Artgenosse als „Wirt"

Ein typischer Parasit bezieht Nahrung von einem Wirtsorganismus, der einer anderen Art angehört. Wie sind dagegen Fälle zu beurteilen, bei denen als Wirtstier ein Artgenosse dient?

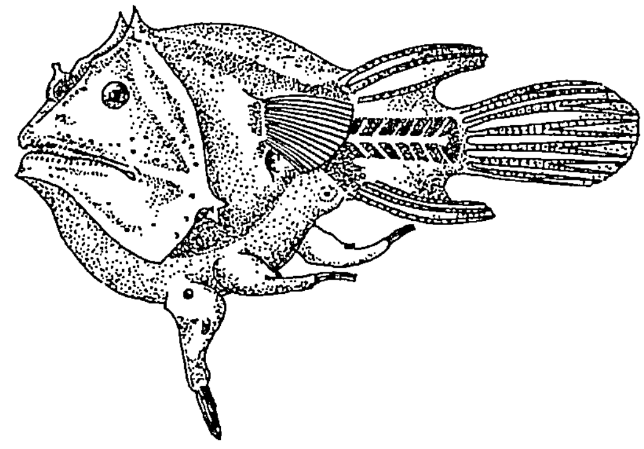

Abb. 31. Ein Weibchen des Tiefseeanglers *Edriolychnus schmidti*, an dessen Bauchseite drei Männchen festgewachsen sind. (Aus GÜNTHER-DECKERT: Wunderwelt der Tiefsee. Berlin, Herbig)

Wir kennen mehrere Beispiele aus dem Tierreich, wo die Männchen an oder gar in ihren Weibchen schmarotzen, ja sogar bei Wirbeltieren kommt dergleichen vor, nämlich bei den Knochenfischen. Zu den aberrantesten Gestalten gehören hier die Tiefseeangler (Ceratioidea), die in Meerestiefen von 300 bis 4000 Meter leben und z. T. eine aus Strahlen der Rückenflosse gebildete und mit Leuchtorganen versehene „Angel" besitzen, mit deren Hilfe sie Beutefische vor ihr Maul locken. Dies tun bei manchen Tiefseeanglern jedoch nur die Weibchen — die Männchen dagegen leben ektoparasitisch am weiblichen Körper (Abb. 31). Wie kommt das zustande? Aus den Eiern schlüpfen auch bei diesen Arten zunächst freibewegliche männliche Fischlarven, deren Kiefer mit kräftigen Hautzähnchen bewaffnet sind. Sobald diese Larven auf einen weiblichen Artgenossen stoßen, schnappen sie mit dem Maul zu und verankern sich so in der Haut der Weibchen. Die

Anheftungsstelle am weiblichen Körper wird nun „schwammig" und reich von Blutgefäßen versorgt, an die das Gefäßsystem des Männchens sogar offenen Anschluß bekommt. Auf diese Weise verwachsen oft mehrere klein bleibende Männchen mit der Haut der Weibchen und werden von diesen ernährt. Die Männchen bauen daher die unnötig gewordenen Sinnesorgane und den Darmtrakt wieder ab und werden so zu relativ undifferenzierten kleinen Anhängseln an ihren Weibchen, besitzen jedoch wohl entwickelte Geschlechtsorgane und können daher für die Besamung der Eier sorgen.

Ähnliche Fälle kennt man auch von wirbellosen Tieren. Am bekanntesten ist hier wohl der marine Wurm *Bonellia viridis*, bei dem ein Teil der produzierten kleinen Flimmerlarven Gelegenheit findet, sich am langen Rüssel eines Weibchens festzusetzen, und sich dort zu kleinen Zwergmännchen entwickelt.

Selbst entoparasitisch können die Männchen mancher Tierarten in ihren Weibchen leben. So findet man bei dem in der Harnblase der Ratte häufigen parasitischen Fadenwurm *Trichosomoides crassicauda* das kleine Männchen stets im Innern der Geschlechtsorgane des Weibchens, wo es für die Besamung der Eier sorgen kann.

So interessant solche aberranten Fälle auch sind, da sie der Vermehrung der eigenen Art dienen, kann man sie schwerlich dem Parasitismus zuordnen, wollte man nicht gleichzeitig mit einer Fülle in den Bereich der Brutpflege gehörenden Phaenomenen ebenso verfahren, was sicherlich abwegig wäre. Jeder sperrende und bettelnde Jungvogel im Nest lockt seinen Eltern Beute ab, ohne deshalb eine „Beuteschmarotzer" zu sein, und bei vielen lebendgebärenden Tieren wächst der Embryo auf Kosten des Muttertieres heran — doch wäre es paradox hier von „Entoparasitismus" zu sprechen. Bei den Diskusfischen ernährt sich die junge Brut von der zu dieser Zeit besonders drüsenreichen Haut der sie führenden Altfische, und das Säugetierjunge entzieht der Mutter saugend Nährstoffe in Form der Muttermilch — aber als „Ektoparasitismus" läßt sich das schwerlich bezeichnen.

All diese Überlegungen führen zu dem Ergebnis, daß man sinnvollerweise von Parasitismus nur dann sprechen kann, wenn die beteiligten Organismen zu verschiedenen Arten gehören, sie zeigen jedoch gleichzeitig wieder, wie lückenlos sich der Parasitismus in allgemein biologische Phaenomene einfügen läßt.

VI. Anpassung an den Parasitismus

a) Besonderheiten im Körperbau

Bau und Gestalt eines Organismus sind allgemein wesentlich durch seine Lebensweise geprägt. Die schaufelartig gebauten Hände, die kleinen im Fell verborgenen Augen und anderes kennzeichnen den Maulwurf ebenso als unterirdisch lebenden Tunnelgräber, wie die messerscharfen Zähne und die stromlinienförmige Gestalt den Haifisch als gewandt schwimmenden Räuber. Auch die parasitische Lebensweise macht, je nachdem in welcher Form sie auftritt, jeweils bestimmte Anpassungen erforderlich, die bei ähnlich lebenden Schmarotzern oft erstaunlich übereinstimmen, selbst wenn diese aus völlig verschiedenen Tiergruppen stammen. Solche „Konvergenzen" finden sich bei Parasiten in großer Zahl. Einige besonders typische Anpassungen wollen wir uns im folgenden näher ansehen.

Die Schmarotzer können ihrer besonderen Lebensweise wegen zum Teil auf eine Reihe von Organen verzichten, die ihre freilebenden Verwandten dringend benotigen. Andererseits brauchen sie in manchen Fällen Sonderbildungen, die ein freilebendes Tier nicht nötig hat. Viele der in diesem Zusammenhang zu nennenden Organe sind jedoch keineswegs auf Parasiten beschränkt, sondern kommen in besonderen Fällen und in ähnlicher Funktion auch bei freilebenden Arten vor.

1. Rückbildungserscheinungen

Wenden wir uns zunächst den Rückbildungserscheinungen zu. Diese hat man vielfach als besonders typisch erachtet und schlechthin von der „Degeneration" der Schmarotzer gesprochen. Eine solche negativ getönte Beurteilung der Organisation eines Parasiten wäre jedoch falsch, da der Verlust von Organen im Laufe der Stammesgeschichte auch bei freilebenden Tieren weit verbreitet ist und vielfach ganze Entwicklungslinien kennzeichnet. So haben die Huftiere die ursprünglich 5 Zehen der Vierfüßer auf zwei (z. B. Rinder) oder gar nur eine Zehe (Pferde) reduziert, die Schlangen ihre gesamten Extremitäten verloren und die Schildkröten und Vögel die Zähne abgebaut; die Menschenaffen haben den Schwanz rückgebildet und bei uns Menschen sind nur noch kümmerliche Reste des Haarkleides erhalten. Das alles — und diese Liste ließe sich beliebig vermehren — sind Reduktionserscheinungen, die mit Parasitismus nichts zu tun haben und die uns keineswegs dazu berechtigen, etwa in den Schlangen degenerierte Eidechsen zu sehen. Es ist daher gerechter, wenn wir auch die Parasiten nicht als degeneriert, sondern besser als spezialisiert bezeichnen.

Welche Organe sind nun bei Parasiten am häufigsten von der Reduktion betroffen?

Bei festsitzenden und weniger agilen, stationären Schmarotzern sind hier in erster Linie die *Fortbewegungsorgane* zu nennen. So fehlen den hochspezialisierten parasitischen Krebsen *(Lernaea, Sacculina,* s. S. 30) funktionstüchtige Extremitäten (Abb. 16 u. 18), den Läusen, Flöhen und der Bettwanze die Flügel (Abb. 70). Viele entoparasitische Schnecken haben keinen muskulösen Fuß und auch keine Schale mehr (Abb. 25). Den erwachsenen Saugwürmern und Bandwürmern fehlt das Flimmerepithel, das für die freilebenden Plattwürmer so charakteristisch ist, um nur einige Beispiele zu nennen. Freilich können auch bei derart reduzierten Schmarotzern in bestimmten, der Ausbreitung dienenden Larvenstadien entsprechende Fortbewegungsorgane durchaus erhalten sein. Die Larvenformen der oben genannten Krebse haben daher leistungsfähige, typische Krebsbeine (s. S. 33) (Abb. 18) und sowohl bei den Saugwürmern, als auch bei den Bandwürmern können bewimperte Larvenstadien (Miracidium bzw. Coracidium, s. S. 16 u. 19) auftreten (Abb. 8, 9).

Auch einige *Sinnesorgane* erfahren vor allem bei Entoparasiten eine oft bis zum totalen Verlust führende Rückbildung, die sich entsprechend auch auf das Nervensystem auswirkt. Besonders die Lichtsinnesorgane sind bei den in ständiger Dunkelheit im Inneren ihres Wirtes lebenden Schmarotzern davon betroffen. Weder bei den Saugwürmern noch bei den Bandwürmern finden wir daher im erwachsenen Zustand Augen. Auch den entoparasitischen Schnecken fehlen solche und darüber hinaus auch die bei freilebenden Verwandten ausgebildeten Gleichgewichtsorgane (Statocysten). Wieder entscheidet die Lebensweise der jeweiligen Entwicklungsstadien dieser Parasiten darüber, ob derartige Reduktionen eingetreten sind, oder nicht. Das kann sogar zu einem mehrmaligen Wechsel zwischen Ausbildung und Reduktion eines Organes während der Individualentwicklung führen. Bei den Saugwürmern z. B., besitzen die freilebenden Miracidium-Larven vielfach Lichtsinnesorgane, die den parasitischen Stadien im Zwischenwirt (z. B. den Sporocysten) jedoch fehlen, während bei den wieder frei werdenden Cercarien erneut Lichtsinnesorgane auftreten können, um bei den adulten Saugwürmern im Endwirt endgültig zu verschwinden (Abb. 9 u. 44). Diese Abhängigkeit der Lichtsinnesorgane von der Lebensweise läßt sich auch bei Ektoparasiten aufzeigen. So verfügen die meisten Flöhe über zwar reduzierte Punktaugen, mit denen sie sich aber noch optisch orientieren. Der tagsüber stets unterirdisch lebende Maulwurf z. B. hat jedoch ebenso einen blinden Floh *(Histrichocephalus talpae)*, wie die ähnlich lebende Blindmaus *(Spalax)*. Der Name des letztgenannten Wirtes deutet bereits an, daß Reduktion der Augen keineswegs auf Parasiten beschränkt ist, sondern bei zahlreichen grabenden Formen und auch bei im Boden lebenden und Höhlentieren häufig vorkommt.

Eine Rückbildung hat schließlich bei zahlreichen Entoparasiten auch der *Darmtrakt* erfahren. Schmarotzer, die, wie die Bandwürmer und Kratzer z. B., im Dünndarm ihre Wirte in einem bereits vorverdauten Nahrungsbrei schwimmen, brauchen die resorbierbare Nahrung nur noch mit der äußeren Körperoberfläche aufzunehmen. Diese weist z. B. bei den Bandwürmern winzige Zotten (Mikrovilli) auf, die uns erst das Elektronenmikroskop sichtbar gemacht hat. Bei Parasiten, die im Blut oder in den Geweben ihrer Wirte hausen, liegen die Verhältnisse zum Teil ähnlich; auch sie können die nötigen Nährstoffe aus der Gewebsflüssigkeit direkt mit der Körperoberfläche aufnehmen. So haben die in den Blutgefäßen von Borstenwürmern lebenden Krebslarven aus der Gruppe der Monstrilliden (s. S. 31, Abb. 17) ebensowenig einen Darm, wie die ausgewachsene Sacculina in ihrer Krabbe (s. S. 33). Bei den Saugwürmern sind es die Sporocystenstadien in der Leber der Schnecken, denen jeglicher Darm fehlt, während die ausgewachsenen Saugwürmer in ihren Endwirten einen z. T. reich verzeigten Darm besitzen (Abb. 9 u. 44).

Selbst der Verlust des Darmtraktes ist erstaunlicherweise keine Spezialität der Parasiten. Die erst in den letzten Jahren besser bekannt gewordenen Bartträger oder Pogonophoren, wurmförmige, sessile Meeresorganismen aus der Verwandtschaft der Eichelwürmer, haben ebenfalls im adulten Zustand den Darm völlig rückgebildet und nehmen die mikroskopische Nahrung aus dem Meerwasser vermutlich mit ihrer fein verzweigten „Tentakelkrone" auf.

Mit diesen typischen Beispielen für Rückbildungserscheinungen bei Parasiten wollen wir uns begnügen und uns nun einige charakteristische Neuerwerbungen ansehen.

2. Organe zum Festhalten

Am auffallendsten sind als Neuerwerbungen bei vielen Parasiten Organe zum Festhalten, Fixationsorgane. Ist es für einen Schmarotzer schon nicht leicht, auf oder in ein geeignetes Wirtstier zu gelangen, so kommt es nach einem solchen Erfolg darauf an, den Wirt nicht mehr loszulassen. Für Ektoparasiten besteht die Gefahr, abgestreift oder abgeschüttelt zu werden, Darmbewohner müssen den peristaltischen Bewegungen widerstehen, um nicht „abzugehen", Lungen- und Luftröhrenparasiten können ausgehustet werden. Organe zum Festhalten am Wirt sind daher konvergent bei den verschiedensten Parasiten, von den Einzellern bis zu den Gliedertieren verbreitet. Da gibt es *Saugnäpfe, Sauggruben und Klammerhaken* sowohl bei Ektoparasiten, als auch bei Binnenschmarotzern (Abb. 32). Saugnäpfe kommen bei den Saugwürmern meist in Zweizahl als Mund- und Bauchsaugnapf vor (Abb. 44 u. 56), aber auch bei Bandwürmern, die oft 4 Saugnäpfe am Kopf tragen. In ihrer Haftfunktion werden sie z. T. noch von Hakenkränzen unterstützt (Abb. 32, *1*), wie z. B. beim Schweinebandwurm des Menschen, *Taenia solium*. Auch bei den ektoparasitischen monogenen Saugwürmern finden sich oft Saugnäpfe und Haken kombiniert (Abb. 32, *2* u. *3*). Allein auf die Fülle ihrer Haken verlassen sich die Kratzer (Acanthocephalen), die damit in der Darmschleimhaut vor Anker gehen (Abb. 32, *4*). Selbst Einzeller haben entsprechende Apparate entwickelt, so die zu den Sporentierchen zählenden Gregarinen, die sich verbreitet im Darm von Insekten finden und deren Vorderende häufig einen gut ausgebildeten Hakenapparat als „Epimerit" trägt (Abb. 32, *9*). Unter den Fadenwürmern gibt es Fixationsstrukturen in Form von Stacheln und Dornen, z. B. bei manchen Oxyuriden, die im Enddarm tropischer Tausendfüßer leben (Abb. 33). Bei den ektoparasitischen Insekten werden häufig die Beine zum Festklammern im Haar oder Federkleid der Wirte benutzt. Bei vielen Läusearten paßt die einschlagbare Kralle im Kaliber genau zur Dicke des Wirtshaares und ermöglicht so ein gutes Festhalten (Abb. 32, *11*).

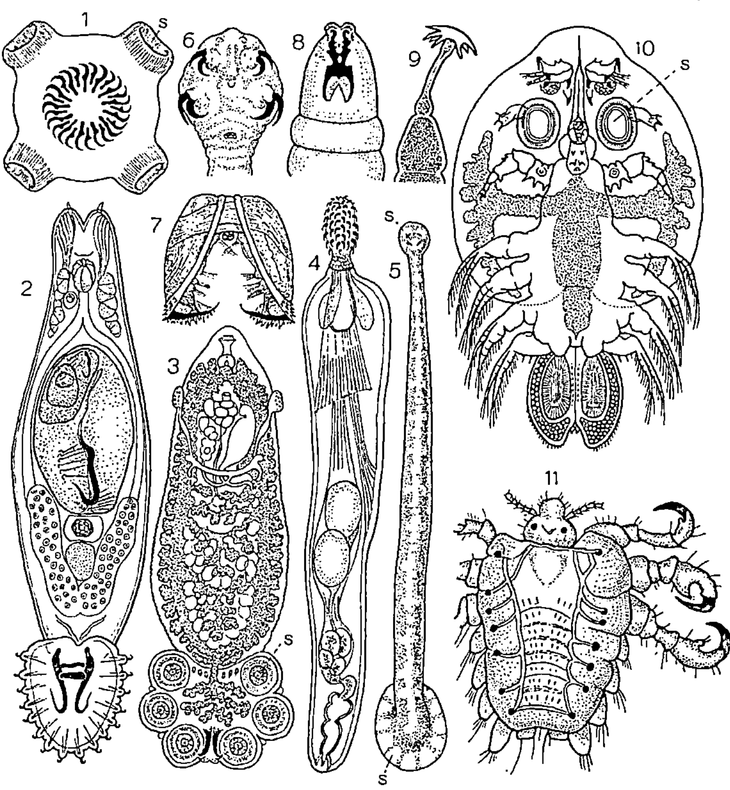

Abb. 32. Haft- und Klammerorgane bei Schmarotzern: *s* Saugnäpfe, Haken schwarz gezeichnet. *1* Kopf des im Menschen schmarotzenden Bandwurms *Taenia solium* von vorne, *2* Saugwurm *Gyrodactylus elegans*, *3* Saugwurm *Polystomum integerrimum*, *4* Kratzer *Acanthorhynchus*, *5* Fischegel *Piscicola geometrica*, *6* Vorderende des Zungenwurms *Leiperia gracilis*, *7* Glochidium-Larve der Teichmuschel *Anodonta*, *8* Vorderende der Made der Rachenbremse *Cephenomyia*, *9* Vorderende der Gregarine *Stylorhynchus* mit Epimerit, *10* Die Karpfenlaus *Argulus foliaceus* gehört zu den Krebsen, *11* Die Filzlaus *(Phthirus pubis)*.
(Nach HESSE-DOFLEIN aus PIEKARSKI 1954)

Bei den Lausfliegen sind die Krallen der 6 Beine fast wie Hände
entwickelt, mit denen sie sich gut im Fell oder Gefieder festhalten
können (Abb. 42). Andere Außenschmarotzer halten sich mit den
Mundwerkzeugen am Wirt fest, indem sie
sich, wie manche Federlinge, mit den Kiefern festbeißen oder, wie die Zecken, ihren
mit Widerhaken versehenen Saugrüssel in
der Haut des Wirtes verankern (Abb. 20).
Damit sind die verschiedenen Möglichkeiten, Haftorgane auszubilden, noch
lange nicht erschöpft, doch können wir
uns bei diesem Punkt nicht zu lange aufhalten.

3. Die Körpergestalt der Parasiten

Wesentlich durch den Parasitismus beeinflußt wird schließlich die gesamte Körperform. Als besonders zweckmäßig hat
sich dabei vor allem bei Entoparasiten
offensichtlich ein wurmförmiger Körper
erwiesen, findet sich ein solcher doch bei
den verschiedensten Gruppen, so z. B. bei
der Haarbalgmilbe (Demodex) (Abb. 5), den
„Wurmschnecken" (Entoconcha) (Abb. 25),

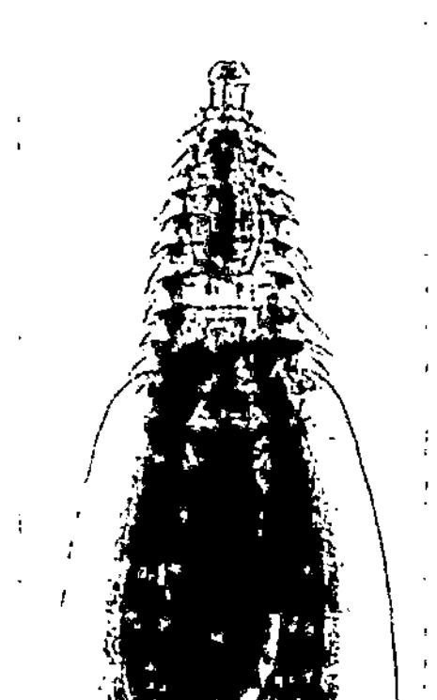

Abb. 33. Das Vorder-
ende eines im Enddarm
tropischer Tausendfüßer
schmarotzenden Faden-
wurms *(Carnoya)* ist mit
langen Stacheln besetzt
und die Haut der Kör-
perseite flügelartig ver-
breitert. (Original)

manchen Krebsen, bei den Zungen-„Würmern" (Pentastomida)
(Abb. 32, *6*) und anderen. Daß die Bandwürmer, Fadenwürmer,
Saugwürmer und Kratzer wurmförmig sind, besagt z. T. schon
ihr Name. Bei einigen dieser Gruppen, so z. B. bei den Fadenwürmern, sind jedoch auch die freilebenden Arten so gebaut,
in dieser Beziehung also für den Parasitismus wie geschaffen.
Dasselbe gilt auch für viele entoparasitische Insektenlarven
(Abb. 58) (z. B. Dasselfliegen), die eben, wie andere Zweiflügler-
larven auch, „madenförmig" sind.

Die Wurmgestalt der Binnenschmarotzer dürfte zum einen als
Anpassung an die Raumverhältnisse im Wirt zu werten sein,
schafft zum anderen jedoch auch eine große Oberfläche im Verhältnis zum Körpervolumen, was für manche Stoffwechsel-
vorgänge, so vor allem für die Atmung (s. S. 82), Vorteile bringt.

Dies gilt natürlich auch für solche Schmarotzer, die mit der Körperoberfläche Nahrung aufnehmen, wie u. a. die Bandwürmer, bei denen durch Abflachung des Körpers zur „Bandform" noch eine weitere Oberflächenvergrößerung erreicht worden ist.

Auch Außenschmarotzer zeigen nicht selten eine Abflachung des Körpers, die hier jedoch andere Ursachen hat. Bei Wirten mit glatter Haut, wie z. B. bei Fischen, können sich abgeflachte Ektoparasiten dicht an die Oberfläche schmiegen und bieten so der Wasserströmung weniger Widerstand. Das gilt für die flachen monogenen Saugwürmer ebenso, wie für die „plattgedrückten" Karpfenläuse *(Argulus)* (Abb. 32, *10*) unter den Krebsen und die einzelligen Trichodinen (s. S. 23). Bei den parasitischen Insekten der Vögel und Säugetiere dagegen erleichtert eine flache oder langgestreckte Körpergestalt die Fortbewegung durch den dichten „Wald" der Federn und Haare. Die Läuse und Wanzen, die Federlinge (Abb. 73) und Haarlinge, aber auch der Biberkäfer (s. S. 39) (Abb. 23) und manche Milben haben daher einen abgeflachten, komprimierten Körper. Die Flöhe sind seitlich „zusammengedrückt" und so ideale „Schlüpfer", die sich auch im dichtesten Haarkleid einen Weg bahnen können.

b) Die Färbung der Parasiten

Bunt schillernde Farben und schöne Zeichenmuster wird man bei Schmarotzern nicht erwarten. Sind sie überhaupt farbig? Bei freilebenden Tieren ist es eine wichtige Aufgabe der Farbgebung, Schutz vor dem Gesehenwerden zu gewähren. Der grüne Laubfrosch auf dem Blatt, die erdfarbene Heuschrecke auf dem Weg, der rindenfarbene Kiefernspanner am Baumstamm, sind allgemein bekannte Beispiele für Schutzfärbung. Parasiten haben auf ihren Wirten im allgemeinen wenig unter Feinden zu leiden — wenngleich es welche gibt (s. S. 108) — und Entoparasiten leben in dauernder Dunkelheit, wo sie sowieso nicht gesehen werden können. Letztere sind daher im allgemeinen weitgehend unpigmentiert, was ja auch für viele im Dunkel des Erdreichs oder von Höhlen lebende Tiere gilt. Feind Nummer eins für einen Ektoparasiten ist jedoch in manchen Fällen der eigene Wirt, ist doch von Vögeln und Säugetieren allgemein bekannt, daß sie sich „lausen", also Jagd nach ihren Schmarotzern machen. Vögel scheinen sich dabei auch vom Gesichtssinn leiten zu lassen. Das dürfte bei manchen Federlingen zur Ausbildung einer Schutzfärbung geführt haben, wodurch sie sich weniger vom Gefieder abheben. Jedenfalls glaubt man darin den Grund dafür gefunden zu haben, daß die Federlinge weißer Möwen meist hell, die der dunklen Raubmöwen dagegen dunkel gefärbt sind. Ähnlich ist es auch in anderen Fällen. Der weiße Schwan hat vor allem weiße, der schwarze australische Schwan dagegen schwarze Federlinge, und auch bei den Krähen sind sie dunkel gefärbt, während die der Pirole eine gelbliche Pigmentierung aufweisen. Noch auffallender ist, daß auch bei weißen Vögeln, so bei Möwen und Schwänen, dunkel gefärbte Federlinge vorkommen, diese Arten jedoch auf die Kopfregion spezialisiert sind, wo der Vogel eben mit bestem Willen nicht hinschauen kann.

c) Zwerge und Riesen

Zur Gestalt eines Lebewesens gehört auch seine Körpergröße; fragen wir uns also, wie es in dieser Beziehung bei den Parasiten aussieht. Zum Vergleich sollen dabei die Verhältnisse bei den jeweils nächsten freilebenden Verwandten dienen. Eine solche Betrachtung zeigt, daß sich hier schwer einheitliche Gesichtspunkte finden lassen — alles hängt von der speziellen biologischen Situation ab. Beginnen wir mit den Außenschmarotzern, so zeigt sich, daß sie häufig recht klein sind. Läuse, Haarlinge und Federlinge gehören zweifellos mit zu den kleinsten Insekten, die es gibt. Das ist freilich nicht eine Folge ihrer parasitischen Lebensweise, sondern geradezu eine Voraussetzung für Schmarotzer, die, wie die genannten Gruppen, ihr ganzes Leben im Haar- oder Federkleid ihres Wirtes verbringen und dabei möglichst unbemerkt bleiben müssen. Sie stammen dementsprechend oft schon von winzigen freilebenden Formen ab, so die Federlinge wahrscheinlich von den Staubläusen (Psociden), die als Detritusfresser in Spalten und Ritzen ein heimliches Leben führen. Anders liegen dagegen die Verhältnisse bei den temporären Ektoparasiten, die ihre Wirte nur relativ kurzfristig aufsuchen, wie manche Wanzen und die Zecken. Die blutsaugenden Wanzen stehen ihren freilebenden räuberischen oder Pflanzensäfte saugenden Verwandten an Körpergröße oft in nichts nach, und die Zecken stellen gar die weitaus größten Vertreter, die wir unter den Milben (Acari), zu denen sie zu zählen sind, kennen.

Eine besondere Körpergrößensteigerung erfahren manche entoparasitische Gruppen. Wir hörten schon, daß z. B. der Fischbandwurm über 10 Meter lang werden kann und viele andere Bandwurmarten, wie z. B. der Gurkenkernbandwurm des Hundes *(Dipylidium caninum)* u. a., eine Länge von einen halben Meter erreichen. Das sind Körpergrößen, wie sie von den meist nur einige Zentimeter messenden, freilebenden Plattwürmern (z. B. Strudelwürmer, Planarien) nicht annähernd erreicht werden. Am deutlichsten läßt sich die Körpergrößensteigerung bei den schmarotzenden Fadenwürmern (Nematoden) zeigen. Unter den überaus zahlreichen freilebenden Arten, in der Erde, im Süßwasser und im Meer, werden nur wenige mehr als 1 cm lang, die überwiegende Mehrzahl dagegen mißt nur wenige Millimeter. Im Gegensatz dazu werden parasitische Nematoden, vor allem wenn sie in Wirbeltieren leben, häufig mehrere Zentimeter groß, manche, wie z. B. der im Menschen lebende Spulwurm *(Ascaris lumbricoides)*, erreichen Längen von 30—40 cm und selbst meterlange Vertreter kommen vor. Bei dem in Afrika und Indien verbreiteten Medinawurm *(Dracunculus medinensis)*, der im Unterhautbindegewebe des Menschen schmarotzt, werden die Weibchen über einen Meter lang (Abb. 50). Den Größenrekord innerhalb der Fadenwürmer schließlich hält eine im Mutterkuchen (Placenta) trächtiger Pottwalweibchen lebende Form, *Placentonema gigantissima*, deren Weibchen die enorme Länge von 6 bis 8 Metern erreichen können.

Ursache für diesen Riesenwuchs mancher Entoparasiten ist nicht allein die Tatsache, daß sie in Nahrung „schwimmen", also in dieser Beziehung im Überfluß leben. Ebenso wichtig dürfte sein, daß sie, eingeschlossen in den Geweben und Organen ihres Wirtes, keinen besonderen mechanischen Beanspruchungen ausgesetzt sind, sich wenig bewegen müssen und sich vor keinen Feinden zu verbergen brauchen. Wer je versucht hat, bei einem verendeten Tier entoparasitische Würmer zu sammeln, der weiß, wie hinfällig und zart viele Bandwürmer und Fadenwürmer sind, wenn man sie etwa mit der Pinzette herausholen wollte. Einen meterlangen Medinawurm, der nur 1 bis 1,5 mm Durchmesser hat, Stück um Stück aus der Haut eines befallenen Menschen herauszuziehen, ohne ihn zu zerreißen, ist ein Kunststück, das in früheren Zeiten nur geschickte Medizinmänner in tagelanger

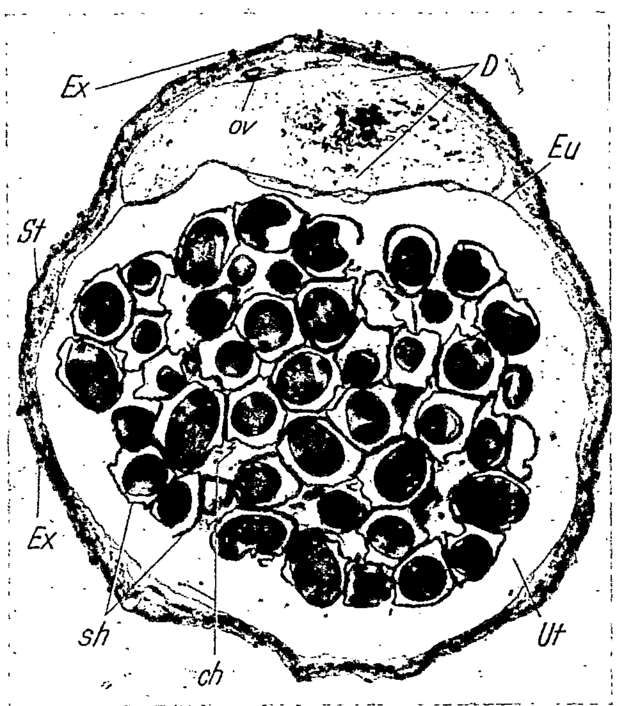

Abb. 34. Ein Querschnitt durch den Körper des Vogelzungenwurms *(Reighardia sternae)* zeigt die mächtige Entwicklung des „Brutraumes" *(Ut)* mit den zahlreichen Keimen, die durch Schleimhüllen *(sh)* miteinander verklebt sind. Der bluterfüllte Darm *(D)* und der Eierstock *(Ov)* sind zur Seite gedrängt. *Ex* In der Haut gespeicherte Exkrete, *St* Hautdrüsen, *ch* Eihüllen, die bereits im Uterus des Weibchen abgesprengt werden. (Original)

Arbeit vollbringen konnten (s. S. 90). Derart wenig widerstandsfähige Tiere wären bei dieser Größe im Freien sehr gefährdet und sind nur im Schutz ihrer Wirte existenzfähig.

Die stattliche Körpergröße vieler Binnenschmarotzer ist nicht zuletzt auch dadurch bedingt, daß sie für die meist enorm entwickelten Geschlechtsorgane Platz schaffen müssen, die geradezu

ein Charakteristikum vieler Parasiten darstellen (s. S. 61). Daher
sind es oft auch nur die zahlreiche Eier produzierenden Weibchen,

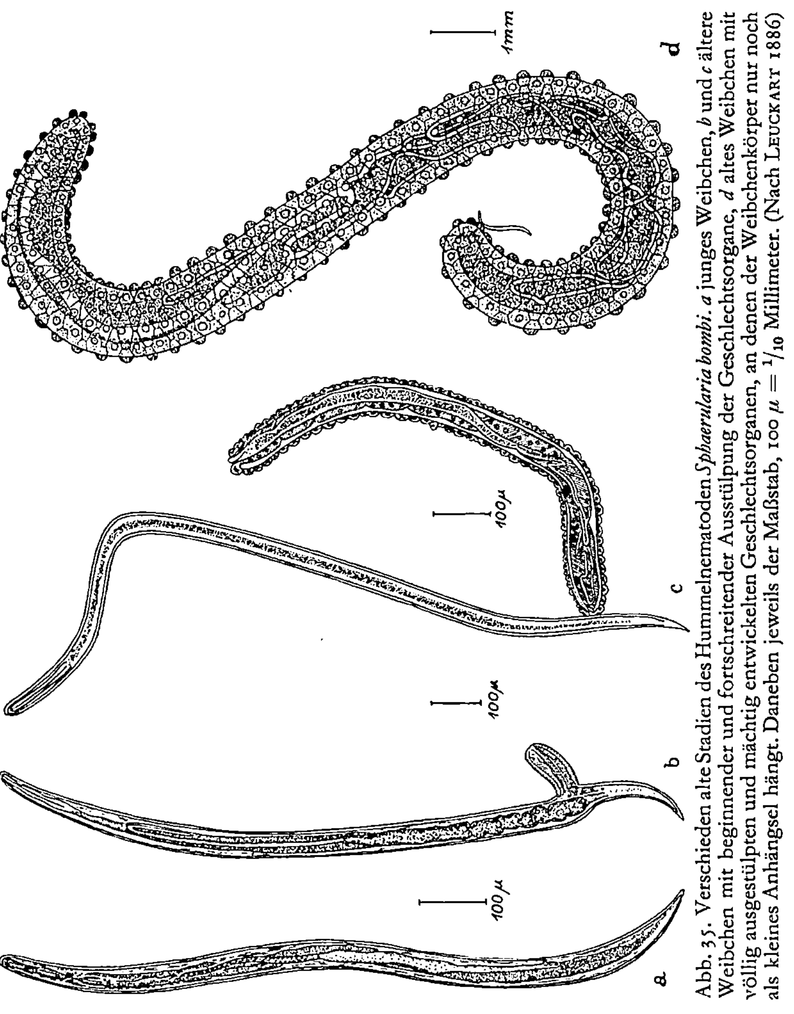

Abb. 35. Verschieden alte Stadien des Hummelnematoden *Sphaerularia bombi*. *a* junges Weibchen, *b* und *c* ältere Weibchen mit beginnender und fortschreitender Ausstülpung der Geschlechtsorgane, *d* altes Weibchen mit völlig ausgestülpten und mächtig entwickelten Geschlechtsorganen, an denen der Weibchenkörper nur noch als kleines Anhängsel hängt. Daneben jeweils der Maßstab, 100 μ = $^1/_{10}$ Millimeter. (Nach LEUCKART 1886)

die Riesenwuchs zeigen und deren „Inneres" mit Eiern oder
Embryonen vollgestopft ist (Abb. 34), während die Männchen
oft kleiner bleiben. So mißt z. B. beim Medinawurm, dessen Weib-

chen über 1 Meter lang werden kann, das Männchen nur etwa
3 Zentimeter und wird daher selten gefunden. Von dem Rattenparasiten *(Trichosomoides crassicauda)* hörten wir schon, daß hier
die winzigen Männchen gar in den Geschlechtsorganen ihrer
Weibchen Platz finden (s. S. 49). Daß es tatsächlich bei der
Steigerung der Körpergröße der Weibchen im wesentlichen
darum geht, die stark entwickelten Geschlechtsorgane unter-
zubringen, zeigt besonders schön der in der Leibeshöhle von
Hummeln *(Bombus)* parasitierende Fadenwurm *Sphaerularia
bombi.* Bei diesem Wurm wachsen allein die weiblichen Geschlechtsorgane so stark heran, daß sie im unverändert klein
bleibenden Weibchen keinen Platz mehr finden (Abb. 35). Es
stülpt sich daher im Laufe der Entwicklung der Uterus aus der
weiblichen Geschlechtsöffnung heraus und wächst zu einem
langen schlauchförmigen Gebilde heran, das die Geschlechtsorgane umhüllt. Der kleine Körper des Weibchens ist zuletzt nur
noch ein winziges Anhängsel an diesen außerhalb des Körpers
liegenden voluminösen Schlauch.

d) Eiermillionäre

Das Leben als Parasit ist riskant. Immer wieder einen neuen
Wirt zu finden oder bei Arten mit indirektem, über Zwischenwirte verlaufendem Entwicklungsgang deren gar mehrere, ist
nicht leicht und oft ein von vielen Zufälligkeiten abhängiges
„Glücksspiel". Da es „ums Leben" geht, wird mit großem Ein-
satz gespielt. Je geringer die Aussicht auf Erfolg ist, um so größer
ist die Eiproduktion, um das Risiko zu kompensieren. Manche
Schmarotzer haben es hierin zu wahrlich imponierenden Lei-
stungen gebracht. Ein Spulwurm Weibchen *(Ascaris)* z. B. legt
täglich bis zu 200000 Eier, also im Jahr rund 70 Millionen, was
das 1700fache seines Körpergewichtes ausmachen würde. Bei
einem im Darm von Schafen schmarotzenden Fadenwurm *(Hae-
monchus)* konnte man berechnen, daß das Weibchen durchschnitt-
lich alle 10 bis 20 Sekunden ein Ei legt. Noch fruchtbarer sind viele
Bandwürmer. Der Rinderbandwurm des Menschen *(Taenia saginata)* gibt täglich etwa 12 bis 15 reife Glieder ab, von denen jedes
über 100000 Eier enthält, und kommt so im Laufe seines Lebens,
das bis zu 20 Jahre währen kann, auf wahrlich astronomische

Eizahlen. Ähnlich liegen die Verhältnisse auch bei vielen anderen Parasiten. Bei manchen, so vor allem bei den Saugwürmern, wird durch Einschaltung einer Vermehrungsphase im Zwischenwirt (s. S. 19) die Zahl der Nachkommen noch weiter erhöht. So wächst, wie wir hörten, bei den Saugwürmern die Flimmerlarve (Miracidium) im 1. Zwischenwirt (Schnecke) zur Sporocyste heran, die weitere Larvenformen und schließlich Cercarien hervorbringt, die den Zwischenwirt verlassen. Beim Pärchenegel *(Schistosoma)* hat man berechnet, daß durch diese Vermehrung im Zwischenwirt ein einziges Miracidium letztlich 40 000 Cercarien hervorzubringen vermag.

Diese wenigen Beispiele — sie ließen sich beliebig vermehren — müssen genügen, um einen Eindruck von der Fruchtbarkeit vieler Schmarotzer zu vermitteln. Wenn wir überlegen, daß von den so zahlreich produzierten Nachkommen bei zweigeschlechtlichen Formen im Durchschnitt nur zwei — ein Männchen und ein Weibchen — wieder in einem Wirt zusammenkommen und sich fortpflanzen müssen, um den gesamten Individuenbestand eines Schmarotzers in einem bestimmten Gebiet über Generationen hinweg auf einer konstanten Zahl zu halten, alle übrigen auf dem oft langen Weg zur erfolgreichen Besiedlung eines Wirtstieres jedoch auf der Strecke bleiben müssen, soll der Parasit nicht überhandnehmen, dann können wir ermessen, *wie* riskant und verlustreich das Leben solcher Schmarotzer verläuft.

Freilich ist auch die große Fruchtbarkeit kein Privileg der Parasiten, viele marine und festsitzende Organismen sind oft nicht weniger produktiv. Man denke in diesem Zusammenhang nur an die enormen Eizahlen, die wir von manchen Fischen kennen, legt doch ein Kabeljauweibchen bis zu 9 Millionen Eier. Gemeinsam ist all diesen Eiermillionären, daß sie ein riskantes Leben führen, die Parasiten, weil sie es schwer haben, einen geeigneten Wirt zu finden, die anderen, weil sie vielen Feinden und Gefahren ausgesetzt sind.

e) Sicherung der Fortpflanzung

Die meisten mehrzelligen Tiere — und das gilt auch für die Parasiten — pflanzen sich geschlechtlich fort, und in der Regel bedürfen die Eier einer Befruchtung. Bei getrenntgeschlechtlichen Tieren müssen daher Männchen und Weibchen zugegen sein, wenn Nachkommen produziert werden sollen. Da es für viele Schmarotzer schwierig ist, ein Wirtstier zu finden, sind die Chancen, daß in einem Wirtstier zwei Parasiten der gleichen Art, aber verschiedenen Geschlechts zusammentreffen, natürlich noch geringer. Zweigeschlechtliche Formen haben es daher in dieser Beziehung besonders schwer, denn selbst wenn zwei Individuen im selben Wirt leben, gehören sie mit 50% Wahrscheinlichkeit dem gleichen Geschlecht an und selbst bei 4 zusammentreffenden Exemplaren ist das in immerhin noch 12% der Fälle so. Bei zahlreichen Schmarotzern wird daher dieses Risiko durch besondere Anpassungen vermindert.

Am einfachsten haben es natürlich solche Formen, die sich ungeschlechtlich fortpflanzen, bei denen also bereits ein einziges Individuum in der Lage ist, sich zu vermehren. Das ist im großen Stil bei den Einzellern der Fall, die sich durch einfache Zellteilung oft in rascher Folge vermehren und so ihren Wirt in Kürze „überschwemmen" können. Bei den parasitischen Geißeltierchen z. B. kennt man keinerlei geschlechtliche Vorgänge, und auch viele Sporentierchen (Sporozoa), wie etwa die Malariaerreger (Plasmodium), vermehren sich durch Vielfachteilung rapid und schalten nur relativ selten, die Malariaerreger z. B. während ihrer Entwicklung in der Stechmücke, geschlechtliche Phasen ein. Auch bei geschlechtlicher Fortpflanzung genügt unter Umständen ein einzelnes Individuum, um die Fortpflanzung zu sichern, so es sich um einen Zwitter (Hermaphroditen) handelt, oder Jungfernzeugung (Parthenogenese) vorliegt, die Eier sich also ohne Besamung entwickeln können.

In der Lunge von Fröschen z. B. leben Fadenwürmer aus der Gattung *Rhabdias*, bei denen man vergeblich nach Männchen sucht. Die parthenogenetischen Weibchen produzieren Eier, die sich ohne vorherige Besamung im Freien zu Larven entwickeln und eine frei in der Erde lebende Generation ergeben, bei der nun allerdings Männchen und Weibchen ausgebildet sind, die sich zweigeschlechtlich fortpflanzen. Erst deren Nachkommen befallen auf dem Larvenstadium wieder einen Frosch und wachsen in dessen Lunge wieder zu Weibchen heran, die zur Jungfernzeugung fähig sind (s. S. 126). Bei diesem Fadenwurm ist also die Jungfernzeugung ausschließlich auf die parasitische Generation beschränkt.

Bei den Saugwürmern (Trematoden) sind es bestimmte Larvenstadien (z. B. Sporocysten), die sich im Zwischenwirt vermehren,
ohne daß es einer Befruchtung bedarf (s. S. 19).

Zwittertum (Hermaphroditismus) ist bei Parasiten weit verbreitet. In diesen Fällen produziert ein Individuum sowohl Eier,

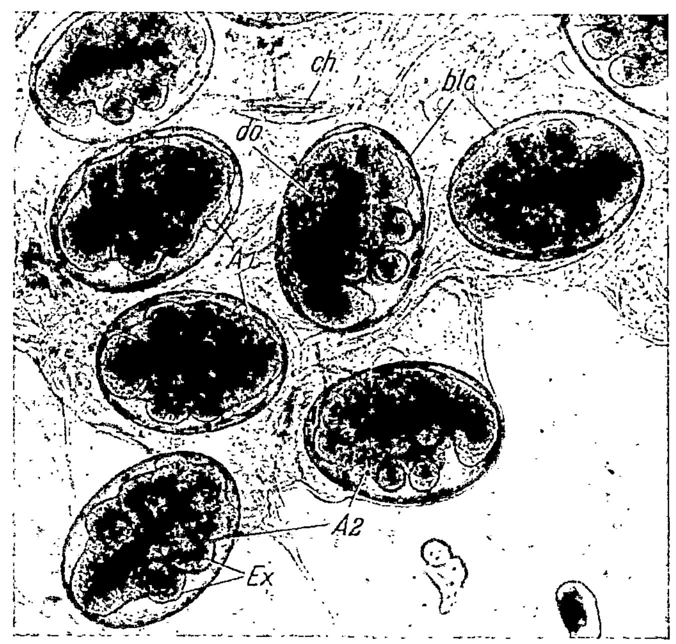

Abb. 36a. Die Embryonen des Vogelzungenwurmes *(Reighardia sternae)* sind
von einer festen Keimhülle umschlossen (*blc*) und durch ausgeschiedenen
Schleim miteinander verklebt, der in einer Rückendrüse (*do*) von den Embryonen gebildet wird. Anlagen von Beinen (*Ex*) und Fühlern (*A₁* und *A₂*)
sind bei den Embryonen zu erkennen (Original)

als auch Spermien. So ist es bei der überwiegenden Mehrzahl aller
Bandwürmer und Saugwürmer. Wenngleich hier Selbstbefruch-
tung keineswegs die Regel ist, liegt der Vorteil doch darin, daß
zwei zusammentreffende Tiere auf jeden Fall sich paaren und anschließend beide befruchtet Eier ablegen, also zur Vermehrung
unmittelbar beitragen können.

Getrenntgeschlechtliche Parasiten, bei denen unbedingt im gleichen Wirt ein Männchen und ein Weibchen zusammentreffen

müssen, haben teilweise besondere Anpassungen entwickelt, um
dieses „Ziel" zu erreichen. Bei manchen sind zahlreiche Eier oder
Larvenstadien durch besondere Sekrete zusammengeklebt, so daß
ein Wirt oder Zwischenwirt, wenn er solche Stadien aufnimmt, sich
gleich massiv infiziert, wodurch das Zusammentreffen auch ver-
schiedengeschlechtlicher Exemplare garantiert ist. Bei den in den

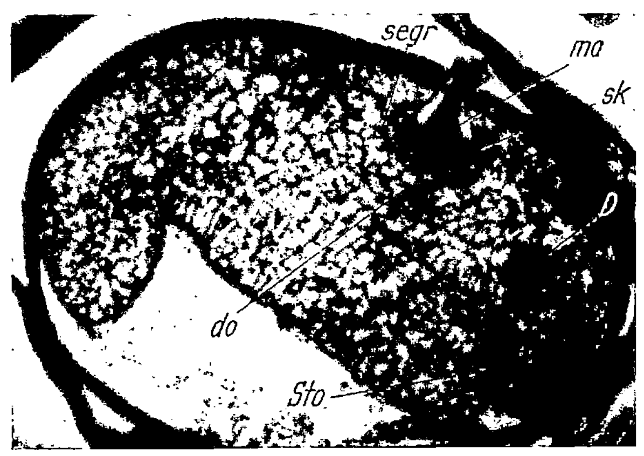

Abb. 36b. Schnitt durch einen Embryo des Vogelzungenwurmes. *do* Rückendrüse, die das Schleimsekret (*segr* und *sk*) bildet und über einen Kanal (*ma*)
nach außen abgibt. *Sto* Anlage des Mundes, *D* Anlage des Gehirns. (Original)

Lungen und Atmungsorganen von Kriechtieren, Vögeln und Säu-
gern schmarotzenden Zungenwürmern z. B. produzieren die Embryonen noch im Uterus der Weibchen in einer am Rücken ge-
legenen Drüse (Dorsalorgan) ein schleimiges Sekret, durch das
mehrere der von einer derben Hülle umgebenen Keime verkleben
und somit zusammen als Schleimballen „ausgehustet" werden
(Abb. 36a, b).

Auch beim kleinen Leberegel *(Dicrocoelium dentriticum)* sind die
von der Schnecke — dem 1. Zwischenwirt — ausgestoßenen Cercarien in größerer Zahl in einem Schleimballen vereint (Abb. 44),
der als Ganzes von einer Ameise, die als 2. Zwischenwirt dient,
aufgenommen wird; sie überträgt ihrerseits die weiter entwickelten Stadien gleich in größerer Zahl auf den Endwirt, wenn ein
Schaf die befallenen Ameisen zufällig mit der Pflanzenkost aufnimmt (s. S. 75).

Schließlich gibt es Schmarotzer, bei denen sich die beiden Geschlechter, haben sie sich in einem Wirtstier gefunden, miteinander verbinden, selbst wenn sie noch nicht geschlechtsreif sind, und auf diese Weise der Gefahr entgehen, sich wieder zu verlieren. Unter den Einzellern ist dies z. B. bei den u. a. im Darm von Insekten schmarotzenden Sporentierchen aus der Gruppe der Gregarinen der Fall. Sobald hier zwei verschiedengeschlechtliche Tiere zusammentreffen, hängen sich die meist kleineren Männchen am Hinterende der Weibchen fest. Derart als „Syzygie" vereint lebt das Paar einige Zeit zusammen (Abb. 37), ehe es sich in einer Cyste einkapselt und Geschlechtsprodukte bildet. Auch bei einigen parasitischen Würmern kommt es zu einer frühzeitigen und andauernden Vereinigung der Geschlechter. Unter den meist zwittrigen Saugwürmern sind die Pärchenegel *(Schistosomen)* getrenntgeschlechtlich. In den Blutgefäßen der Leber des Menschen machen diese Schmarotzer ihre erste Entwicklungsphase im Endwirt durch und dort nehmen die Männchen in einer eigens dazu entwickelten Bauchfalte die noch nicht geschlechtsreifen Weibchen auf, um sie ständig mit sich herumzutragen (Abb. 56). So vereint verläßt das Paar die Leber, um

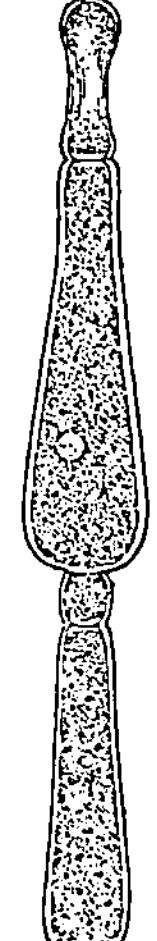

in bestimmte Venengefäße vorzudringen. Erst in der Hautfalte des Männchens entwickelt sich das Weibchen weiter bis zur Geschlechtsreife (s. S. 102). Bei den Fadenwürmern sind es die in der Luftröhre von Vögeln schmarotzenden *Syngamus*-Arten, die meist in Dauervereinigung anzutreffen sind. Auch hier umgreift das Männchen mit einer an seinem Hinterende entwickelten Hautfalte, der sogenannten Bursa, ein junges Weibchen an der Geschlechtsöffnung, um mit ihm zu kopulieren (Abb. 38). Diese Verbindung wird nie mehr aufgegeben, obwohl das Weibchen noch stark heranwächst. Ein Extrem in dieser Beziehung finden wir schließlich bei dem Rattenparasiten *Trichosomoides*, bei dem das Männchen gar Zeit seines Lebens in den Geschlechtsorganen des Weibchens haust und auf diese Weise nicht verloren

Abb. 37. Ein Paar (Syzygie) der Gregarine *Gregarina cuneata* aus dem Darm eines Mehlwurms (= Larve des Mehlkäfers). (Aus HESSE-DOFLEIN 1943)

gehen kann. Daß in besonderen Fällen auch bei freilebenden Tieren dauerhafte Verbindungen von Männchen und Weibchen vorkommen können, zeigten uns die Tiefseeangler (s. S. 48).

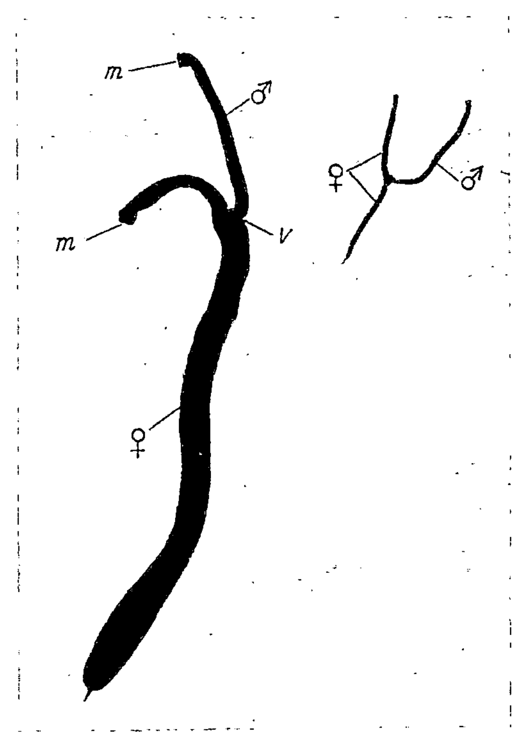

Abb. 38. Beim Luftröhrenwurm der Vögel *(Syngamus trachelis)* vereinigen sich die Männchen und die Weibchen schon in der Jugend (rechts) und bleiben Zeit ihres Lebens verbunden. Das Weibchen wächst dabei stark heran (links).
(Original)

VII. Aus dem Lebenslauf der Schmarotzer

Nachdem wir nun einige allgemein charakteristische Eigenschaften der Parasiten kennengelernt haben, wollen wir sie im folgenden auf ihrem Lebenslauf begleiten, indem wir einige wichtige Etappen von der Besiedlung des Wirtstieres bis zur Fortpflanzung verfolgen.

a) Es gilt einen Wirt zu finden

Von großer Bedeutung im Leben eines Schmarotzers ist es, einen passenden Wirt, sei es Zwischenwirt oder Endwirt, zu erreichen. Die Wege, die zu diesem Ziel führen, sind recht verschieden.

Periodische Ektoparasiten, die, wie die Wanzen, Flöhe oder Stechmücken, nur jeweils kurzfristig einen Wirt zum Blutsaugen aufsuchen, stehen wiederholt vor diesem Problem, während viele Entoparasiten, wie etwa die Bandwürmer und Spulwürmer, den einmal glücklich erreichten Endwirt in ihrem Leben nie wieder verlassen. Am leichtesten haben es in dieser Beziehung natürlich diejenigen Schmarotzer, die gleich auf ihrem Wirt zur Welt kommen und somit gar nicht erst vor der Aufgabe stehen, sich einen suchen zu müssen. Das kommt jedoch nur bei bestimmten Parasitengruppen vor; hierin bestehen auffallende Unterschiede. Bei den einen ist es die Regel, daß die Nachkommen gleich in oder auf demselben Wirtsindividuum bleiben, das schon von ihren Eltern besetzt ist. Das kann über mehrere Generationen so weitergehen. Bei anderen Schmarotzergruppen dagegen geschieht dergleichen niemals. Zur ersten Gruppe gehören z. B. die stationär ektoparasitischen Läuse, Federlinge und Haarlinge (Mallophaga). Bei ihnen sorgen die Weibchen dafür, daß die Eier nicht verloren gehen, indem sie diese mit einem erhärtenden Sekret an den Haaren oder Federn ihrer Wirte befestigen (Abb. 39) und so die schlüpfenden Jungen gleich einen günstigen Lebensraum vorfinden. Diese Schmarotzer vermehren sich also auf ihrem Wirt und es genügt ein Primärbefall mit einigen wenigen Exemplaren, um einen Vogel oder ein Säugetier nach einiger Zeit mit einer reichen Nachkommenschaft von Kindern und Kindeskindern zu besiedeln. Ähnliche Verhältnisse, wie bei diesen Außenschmarotzern, treffen

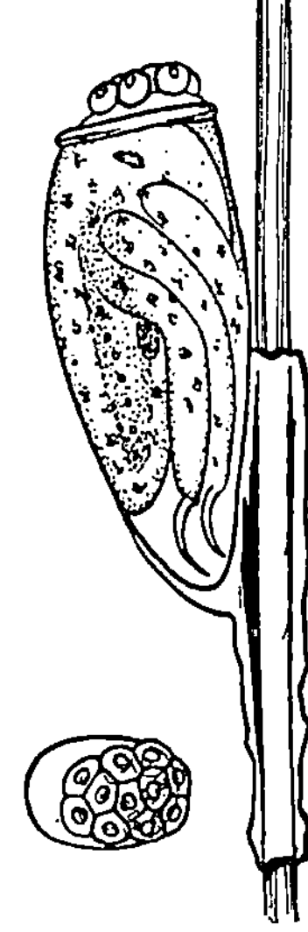

Abb. 39. Das Ei der Kopflaus *(Pediculus humanus capitis)* ist mit Sekret am Haar des Wirtes befestigt. Links Aufsicht auf den Eideckel. (Aus MARTINI 1941)

wir bei Entoparasiten nur dann an, wenn es sich um Einzeller, um Protozoen handelt. So vermehren sich z. B. die zu den Sporentierchen zählenden Malariaerreger durch Mehrfachteilung in den roten Blutkörperchen des Menschen stark, so daß in Schüben, auf die der Mensch mit den gefürchteten Fieberanfällen reagiert, immer neue Keime entstehen, die das Blut überschwemmen. Bei den Mehrzellern unter den Binnenschmarotzern und damit auch bei fast allen parasitischen Würmern findet jedoch zumindest im Endwirt nahezu ausnahmslos (s. S. 82) keine Vermehrung statt. Hier müssen die Nachkommen, seien es die Eier, seien es die bereits entwickelten Larven „aus dem Haus", so daß der Endwirt immer nur so viele Bandwürmer, Saugwürmer oder Fadenwürmer beherbergt, wie er von außen aufgenommen hat. Dies ist u. a. dadurch bedingt, daß die Eier zu ihrer Entwicklung oder die Larven als Schlüpfreiz bestimmte Umweltbedingungen brauchen, die, wie reichlich Sauerstoff, niedere Temperaturen, Licht u. a., im Wirt nicht gegeben sind und erst im Freien einwirken können. Das ganze hat sicher auch einen biologischen Sinn. Wir sahen vorhin, daß für die Verbreitung dieser Schmarotzer wegen der geringen Infektionschancen eine große Eiproduktion nötig ist (s. S. 61). Könnten diese vielen Eier sich unmittelbar im Wirt weiterentwickeln, würde dieser bald an diesem überreichen Befall zugrunde gehen und dabei auch seine Schmarotzer mit ins Grab nehmen. Bei einer Reduktion der Eizahl dagegen wären die Aussichten auf Neuinfektion weiterer Wirte sehr viel geringer, was auch bald zum Aussterben der Schmarotzer führen könnte. Der beste Ausweg aus dieser Zwickmühle ist daher sicher der, eine hohe Eiproduktion beizubehalten, aber Sperren einzubauen, die es den Nachkommen verbieten, im selben Wirt wie die Eltern heranzuwachsen.

1. Aktive Wirtssuche

Viele Schmarotzer überlassen es nicht dem „glücklichen" Zufall, um einen Wirt zu erreichen, sondern machen sich aktiv auf die Suche. Das gilt z. B. für die blutsaugenden Zweiflügler, die das als temporäre Parasiten immer wieder tun müssen und sich dabei verschiedener Orientierungsmittel bedienen. Bei den Kriebelmücken (Simuliiden) (Abb. 40) sind es vor allem optische Reize, die sie zu ihren Blutspendern führen. Verschiedene Arten bevorzugen dabei jeweils bestimmte Wirtstiergruppen; manche sind auf Vögel, andere auf Großsäuger, z. B. Pferde und Kühe spezialisiert. Auf ihren Wirten lassen die Kriebelmücken sich zum Teil wiederum von Art zu Art verschieden, bevorzugt an ganz bestimmten Körperstellen, die einen an den Ohren, die anderen am Bauch oder

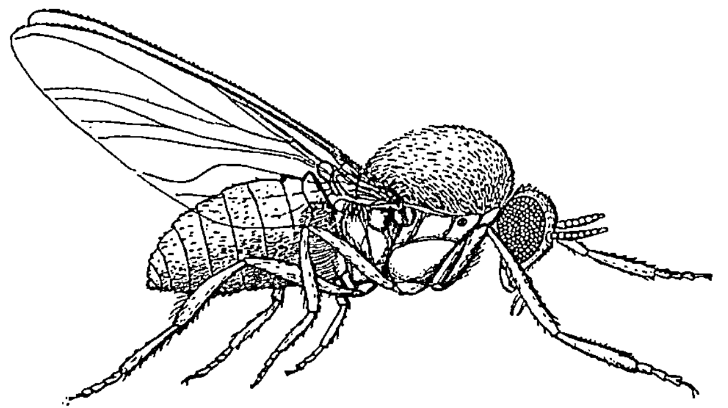

Abb. 40. Ein Weibchen der Kriebelmücke *Simulium*. (Aus MARTINI 1941)

an den Beinen nieder, um Blut zu saugen. Um sich über ihr Orientierungsvermögen zu informieren, hat ein findiger Forscher aus Holz und Plastik Attrappen gebaut, die jeweils grob einem Pferd oder einem Raben glichen, durch Drähte etwas bewegt werden konnten und mit Fliegenleim bestrichen waren, so daß die anlandenden Mücken kleben blieben. Als er diese Attrappen im Gelände aufstellte, zeigte sich, daß sie jeweils von den „richtigen" Gnitzenarten angeflogen wurden — d. h. auf Großsäuger spezialisierte fliegen das „Holzpferd" und nicht die Vogelattrappe an. Ja selbst die „richtigen" Körperstellen an den Attrappen wußten sie zu finden und saßen daher säuberlich nach Arten getrennt an den „Ohren" oder am „Bauch" ihres Holzpferdes. So enttäuschend dieser Versuch auch für die Mücken ausgegangen war, da ihre Attrappen ja nicht aus Fleisch und Blut waren und daher ihren Hunger nicht stillen konnten, für den Forscher führten sie zu dem interessanten Ergebnis, daß die winzigen Kriebelmücken ihre Wirte mit den Augen an bestimmten Gestaltmerkmalen erkennen.

Andere Außenschmarotzer werden durch Duftstoffe, also durch chemische Reize zu ihrem Wirt hingeführt. So reagieren Zecken auf den Buttersäureduft im Schweiß der Säugetiere. Auch Stechmücken (Culiciden) werden auf die Ferne durch den Schweißgeruch zu ihren Wirten gelenkt, orientieren sich in dessen unmittelbarer Nähe jedoch nach dem Temperatur- und Feuchtigkeitsgefälle, das ihre warmblütigen Blutspender umgibt. Warmblüter, also Vögel und Säugetiere, werden von ihren Schmarotzern überhaupt oft an der gegenüber der Umgebung erhöhten Temperatur erkannt. So bevorzugen hungrige Bettwanzen *(Cimex)* Temperaturen von 32 bis 33°C, wie sie auf der Haut des Menschen herrschen, während sie sich gesättigt bei 27 bis 28°C am wohlsten fühlen. Je nach ihrer „Verfassung" werden sie so zu ihrem Wirt hingeleitet, bzw. veranlaßt, ihn wieder zu verlassen. An der Rüsselspitze und an den Fühlern sitzen die Temperatursinnesorgane, die den Wanzen dabei den Weg weisen. So überraschend es manchem erscheinen mag, daß die Wärmeausstrahlung eines Organismus anderen zur Orientierung dient, selbst manche Räuber finden auf diese Weise ihre Beute. So gibt es unter den Giftschlangen die Gruppe der Grubenottern, zu denen auch die Klapperschlangen gehören. Bei diesen liegt seitlich zwischen den Nasenöffnungen und den Augen je eine Grube mit Sinnesorganen, die auf Wärmestrahlen reagieren. Damit ist es diesen Schlangen möglich, auch in der Dunkelheit eine Ratte oder eine Maus zu orten.

Nicht nur bei den Gliederfüßern, die bisher als Beispiele gewählt wurden, sind chemische Reize für die Wirtsfindung nachgewiesen, auch die Larvenstadien von Entoparasiten mit aktiver Invasion des Wirtes können sich durch solche leiten lassen; das gilt z. B. für die Miracidienlarven mancher Saugwürmer, die so im Wasser zu ihren Zwischenwirten, also zu den Schnecken, finden, um sich durch deren Haut einzubohren (s. S. 19).

Bei manchen Insekten, bei denen nur die Larvenstadien parasitieren, obliegt die Wirtsfindung den freilebenden Weibchen und gehört somit in den Bereich der *Brutfürsorge*. So suchen die Dasselfliegenweibchen, die selbst keine Nahrung zu sich nehmen, nur zum Zweck der Eiablage bestimmte Säugetiere auf, deponieren dort ihre Eier im Fell, so daß die schlüpfenden Maden sich nur noch durch die Haut bohren müssen, um in ihren Wirt zu gelangen. Die Schlupfwespen und Brackwespen stechen gar mit ihrem Legeapparat Insektenlarven (z. B. Schmetterlingsraupen) an und versenken ihre Eier in deren Körper (Abb. 41).

Abb. 41. Das Weibchen der Brackwespe *Lysiphlebus* „injiziert" ihre Eier in eine Blattlaus (Aphide). (Nach CLAUSEN: Entomophagous Insects, McGraw-Hill Book Co)

2. Passive Übertragung

Unter den Außenschmarotzern gibt es vor allem bei den stationären, die über mehrere Generationen auf demselben Wirt leben, zahlreiche Arten, die ihr Wirtstier gar nicht mehr verlassen können, sei es, weil sie die dafür nötigen Fortbewegungsorgane nicht besitzen, sei es, weil sie so auf das dort herrschende Milieu, z. B. die Temperatur im Haar- oder Federkleid, eingestellt sind, daß sie getrennt von ihrem Wirt im Freien nicht überleben können. Das gilt für die meisten Läuse, Haarlinge und Federlinge, Insekten, die keine Flügel besitzen und deren Extremitäten für weitere Wanderungen nicht geeignet sind. Ebenso ist es bei der Schaflausfliege (Abb. 22), die, im Gegensatz zu manchen Vogellausfliegen (Abb. 42), keine Flügel mehr besitzt und daher den Schafspelz nicht verlassen kann. All diese Schmarotzer können daher nur bei engem Kontakt ihrer Wirte von einem Tier auf das andere übertragen werden, sei es bei der Kopula der Wirtstiere, bei der Aufzucht der Jungen oder in gemeinsam von mehreren Individuen benutzten Nestern, Sandbadeplätzen und dergleichen.

Manche Federlinge (Mallophagen) lassen sich jedoch auch durch flugfähige Vogellausfliegen verschleppen, hat man sie doch gelegentlich mit den Kiefern am Körper solcher Fliegen festgebissen gefunden (Abb. 42). Da die Lausfliegen allerdings meist weniger

wirtsspezifisch sind als die meisten Federlinge, müssen letztere
schon viel Glück haben, wenn sie auf diese Weise, also durch
Phoresie (s. S. 4), gerade auf ihren spezifischen Wirtsvogel gelangen wollen.

Bei den Entoparasiten überläßt es ein nicht geringer Teil weitgehend dem Zufall, einen geeigneten Zwischen- oder Endwirt zu

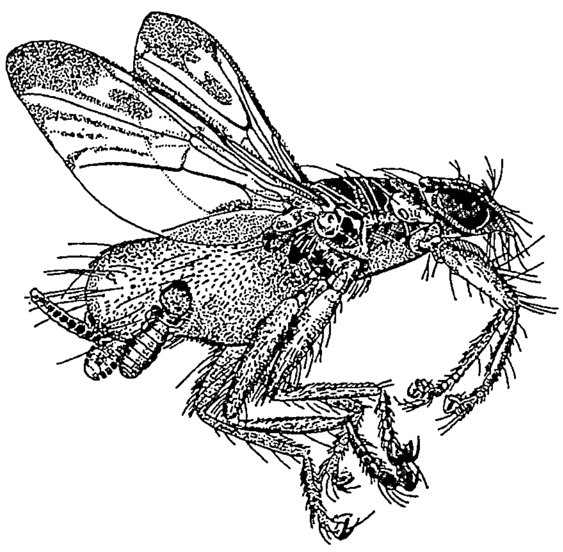

Abb. 42. Eine Vogellausfliege, an deren Hinterleib sich 3 Federlinge festgebissen haben, um sich zu einem neuen Wirt transportieren zu lassen. (Nach
ROTHSCHILD u. CLAY 1952)

erreichen. Das ist vor allem bei denjenigen, die die Phase außerhalb
des Wirtskörpers als Eier oder eingekapselte Cysten überdauern,
der Fall, und gilt für zahlreiche Bandwürmer (z. B. Rinder- und
Schweinebandwurm des Menschen), Fadenwürmer (z. B. den
Spulwurm des Menschen) und andere Binnenschmarotzer, darunter auch Einzeller. Dem glücklichen Zufall wird dadurch nach-
geholfen, daß durch reichliche Eiproduktion die Umgebung mit
zahlreichen Infektionsstadien verseucht wird, so daß ein geeignetes Wirtstier mit der Nahrung gelegentlich auch die Parasiten
aufnimmt. Auf diese Weise verschluckt z. B. der Mensch mit
schlecht gewaschenem Salat in verseuchten Gebieten die Eier des

Spulwurms oder nehmen die Rinder als Zwischenwirte die Eier des Rinderbandwurmes auf, die sich in ihnen zu Bandwurmfinnen entwickeln, um nur zwei Beispiele anzuführen. Solche Fälle, wo also Wirtstiere „zufällig" freie Eier oder Larvenstadien nebenbei mit der Nahrung vom Untergrund aufnehmen, sind sehr zahlreich, vor allem bei pflanzenfressenden Wirten. Räuberisch lebende Tiere erwerben ihre Parasiten meist auch bei der Nahrungsaufnahme und zwar dadurch, daß ihre Beutetiere als Zwischenwirte für die Schmarotzer dienen. So benutzen die Larven des Amselspulwurms (*Porrocaecum ensicaudatum*) Regenwürmer als Zwischenwirte (Abb. 43), die der Spulwürmer von Raubvögeln und Eulen leben vor allem in Spitzmäusen und bei den Spulwürmern der Robben sind es Fische, die als Zwischenwirte fungieren (s. S. 150). Da es für den Parasiten allein darauf ankommt, letztlich in einen ihm Entwicklungsmöglichkeiten bietenden Endwirt

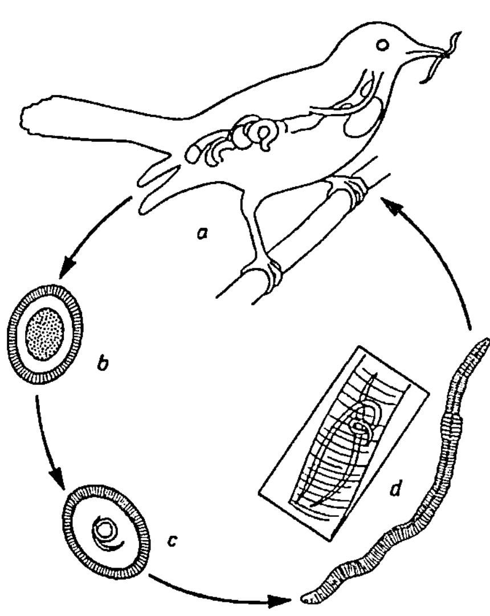

Abb. 43. Entwicklungsgang des Vogelspulwurms *Porrocaecum ensicaudatum*. *a* Endwirt (Amsel), *b* und *c* Eier des Spulwurms, in denen sich die Larve ausbildet, *d* Zwischenwirt (Regenwurm), daneben Blutgefäß desselben mit 2 Larven des Spulwurms (aus OSCHE 1962 Mikrokosmos *51*)

zu gelangen, können in manchen Fällen auch Tierarten als Zwischenwirte auftreten, die keineswegs auf dem Speisezettel des zu befallenden Endwirtes stehen, wenn sie nur oft genug auch „unbeabsichtigt" gefressen werden. Dem in Hunden lebenden Gurkenkernbandwurm *(Dipylidium caninum)* z. B. dienen keineswegs kleine Säugetiere als Zwischenwirte, sondern Hundeflöhe und Haarlinge, also ektoparasitische Insekten des Hundes, die dieser häufig verzehrt, wenn er mit den Zähnen Körperpflege treibt, sich „laust".

Ähnlich „heimlich" gelangen auch manche Parasiten der Huftiere über einen Zwischenwirt ans Ziel. Da Huftiere, wie Pferde, Rinder, Schafe und Rehe, reine Pflanzenfresser sind, sollte man meinen, daß Parasiten, die über einen Zwischenwirt mit der Nahrung aufgenommen werden müssen, bei solchen Tiergruppen nicht vorkommen. Und doch gibt es in Rindern und Pferden z. B. Bandwürmer, also Vertreter einer Schmarotzergruppe, deren Arten samt und sonders einen Zwischenwirt benötigen. Das war lange Zeit ein Rätsel, bis der Nachweis gelang, daß die dort vorkommenden Bandwürmer (Anoplocephaliden) winzig kleine freilebende Milben (Oribatiden) als Zwischenwirte benutzen, Milben, die auf den Gräsern herumlaufen, so die ausgeschiedenen Bandwurmeier aufnehmen können, aber auch mit der Pflanzennahrung z. B. von den Rindern „unbemerkt" mitverschluckt werden und so das in ihrem Inneren inzwischen herangewachsene Larvenstadium des Bandwurms auf den Endwirt übertragen. Etwas ähnliches kennt man auch von einem in Schafen parasitierenden Saugwurm, vom kleinen Leberegel *(Dicrocoelium dentriticum)*. Ihm dient als erster Zwischenwirt, wie bei Saugwürmern üblich, eine Schnecke, als zweiter Zwischenwirt (zur Entwicklung der Metacercarien, s. S. 21) dagegen eine Ameise. Da weder Schafe Ameisen, noch Ameisen Schnecken fressen, erscheint ein solcher Entwicklungsgang geradezu unmöglich — und doch funktioniert alles so gut, daß der kleine Leberegel keineswegs selten ist. Es geht nämlich so (Abb. 44): Die vom Schaf abgeschiedenen Leberegeleier enthalten eine Miracidienlarve, die im Ei eingeschlossen bleibt und erst schlüpft, wenn eine geeignete Landschnecke (z. B. *Zebrina*) diese Eier mit der Nahrung aufnimmt. Das Miracidium gelangt dann in die Leber der Schnecke, in deren Gewebe sich die Sporocysten- und Cercarienstadien entwickeln. Letztere gelangen über den Blutstrom in die Atemhöhle der Schnecke, wo sie, zu mehreren Hundert von einer schleimigen Hülle umgeben, von der Schnecke „ausgehustet" werden. Die Cercarien-haltigen Schleimklümpchen haften an Pflanzenteilen und werden von Ameisen (*Formica*-Arten) gefressen. Im Kropf der Ameisen werden die Cercarienlarven frei, bohren sich durch die Kropfwand und gelangen so in die Leibeshöhle des Hinterleibes, wo sie sich in Cysten (Metacercarien) umwandeln. Die beim Durchbohren der

Kropfwand entstehenden Löcher werden durch einen von den
Cercarien ausgeschiedenen Schleimpfropfen wieder „geflickt", so
daß der Kropf der Ameisen funktionstüchtig bleibt. Eine der zahlreich mit dem Schleimklümpchen aufgenommenen Cercarienlarven

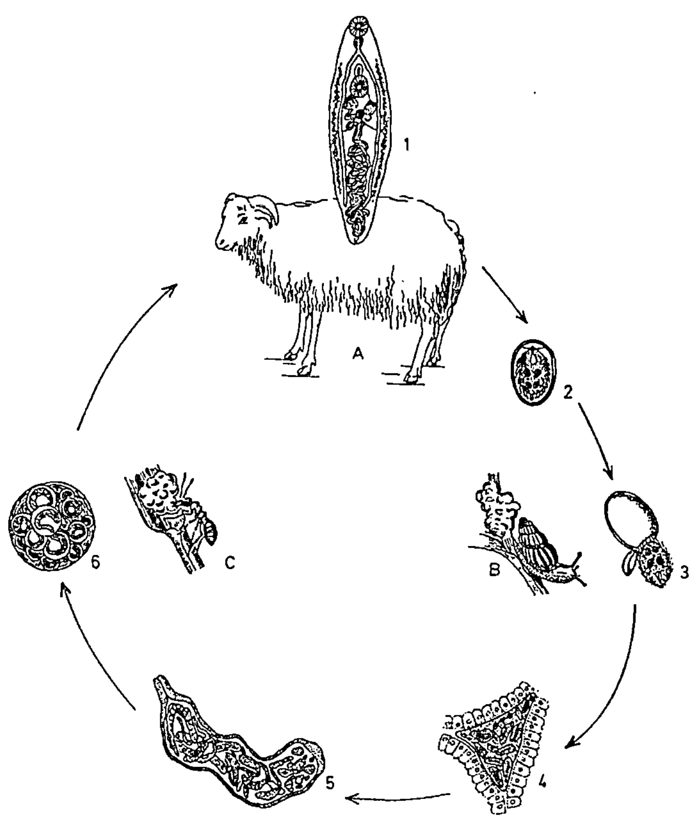

Abb. 44. Entwicklungsgang des kleinen Leberegels *(Dicrocoelium dentridicum)*.
A Endwirt (Schaf) mit geschlechtsreifem Leberegel (*1*), *2* Ei des Leberegels.
Im Innern des ersten Zwischenwirtes (Schnecke *B*) schlüpft die Larve (Miracidium *3*) und entwickelt sich zur Sporocyste (*4—5*). Die Schnecke setzt
Schleimballen ab (*B*), in denen sich zahlreiche Cercarien befinden (*6*). Ameisen
fressen die Schleimballen (*C*) und werden vom Schaf mit der Nahrung aufgenommen. (Nach NEUHAUS und HOHORST kombiniert unter Verwendung
von Abbildungen in PIEKARSKI 1954 u. PIEKARSKI 1962: Medizinische Parasitologie, BAYER, Leverkusen). Die Stadien 2 und 3 sind mikroskopisch klein.

wandert jedoch in den Kopf der Ameise und bohrt sich in das
sogenannte Unterschlundganglion, einen Nervenzellkomplex, der
der Nervenversorgung der Mundwerkzeuge dient, ein. Dort entwickelt sich diese Cercarie zu einer dünnwandigen Cyste, dem
sogenannten „Hirnwurm". Derartig befallene Ameisen zeigen
nun ein ganz ungewöhnliches Verhalten, sind gewissermaßen
„verrückt" geworden. Sie beißen sich nämlich mit den Kiefern
an den Spitzen von Pflanzen (z. B. Gräsern) fest und verharren
in traubenförmigen Ansammlungen zu mehreren nebeneinander
u. U. tagelang unbeweglich in dieser Stellung. Dadurch geschieht
es natürlich leicht, daß sie von weidenden Schafen einfach mit-
gefressen werden und so die Larvenstadien des kleinen Leberegels
endlich in ihren Endwirt gelangen. Hier zeigt die Ameise als
zweiter Zwischenwirt nach Befall also ein Verhalten, das geradezu
· im Interesse des Parasiten zu liegen scheint, ein wahrlich erstaunlicher Fall. In letzter Zeit hat sich allerdings gezeigt, daß sich
Ameisen auch bei Befall mit verschiedenen anderen Parasiten,
z. B. Schlupfwespen und selbst Pilzen, ähnlich verhalten. Das
Festbeißen an Pflanzen scheint also eine weniger spezifische Re-
aktion der Ameisen auf verschiedenartigen Parasitenbefall zu sein,
die vom kleinen Leberegel nur „ausgenutzt" wird und dessen
Infektionschancen wesentlich erhöht. Wir werden auf ähnliche,
im Sinne des Schmarotzers verlaufende Reaktionen der Wirtstiere
in anderem Zusammenhang noch einmal zurückkommen (s. S. 95).

3. Der Zwischenwirt als Überträger

Während in allen bisher besprochenen Fällen der Endwirt aktiv
den Zwischenwirt frißt, sei es als Beutetier oder „unbeabsichtigt"
nebenher mit der Pflanzennahrung oder bei der Fellreinigung und
dadurch den Schmarotzer aufnimmt, gibt es auch Beispiele dafür,
wie der Parasit durch die Aktivität seines Zwischenwirtes in den
Endwirt gelangt. So wird eine Reihe von Schmarotzern, wie z. B.
die Erreger der Malaria und der Schlafkrankheit, durch den Stich
blutsaugender Insekten übertragen, also gewissermaßen von einem
Wirt in den anderen injiziert. Auch bei den Filarien unter den
Fadenwürmern, die ihre Larvalentwicklung in blutsaugenden Insekten oder Zecken durchlaufen und die uns in anderem Zusammenhang noch beschäftigen werden (s. S. 90), ist es ähnlich. Hier

warten allerdings die infektionsreifen Schmarotzerlarven im Stech-
rüssel ihrer Zwischenwirte nur so lange, bis diese sich auf dem
Wirt niederlassen und zum Stich ansetzen, um sich dann aktiv
aus dem Rüssel auszubohren (Abb. 45). Dadurch gelangen sie
frei auf die Hautoberfläche ihrer Wirte, etwa des Menschen, und
dringen nun aktiv in die Haut ein.

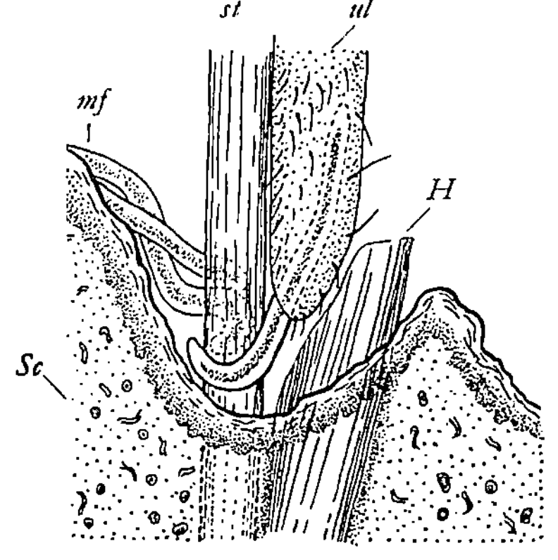

Abb. 45. Mundwerkzeuge einer Stechmücke beim Einstich in die Haut, wobei die Larven (Mikrofilarien) einer
Filarie austreten. *st* Stechborsten,
ul Unterlippe der Mücke, *H* Haar
des Wirtes, *Sc* Unterhautbindegewebe
des Wirtes, *mf* Mikrofilarien. (Aus
Piekarski 1954)

Abschließend sei hier als Ku-
riosität ein Parasit angeführt,
der zur Übertragung die Eier
eines anderen Schmarotzers benutzt, auf den er in seiner Verbreitung angewiesen ist. Es
handelt sich um den einzelligen,
zu den Geißeltierchen zählenden Schmarotzer *Histomonas meleagridis*, der in der Leber, den
Blinddärmen, der Niere und
der Milz von Truthühnern lebt
und die in Farmen gefürchtete
„Schwarzköpfigkeit" als Krankheit hervorruft. Dieser Einzeller kann keine Cysten bilden, so
daß mit dem Kot abgehende
Stadien im Freien nicht lebens-
fähig sind. Man findet „Übertragungsstadien" dieses Geißeltier-
chens jedoch gelegentlich in dem ebenfalls im Blinddarm von
Hühnervögeln schmarotzenden Fadenwurm *Heterakis gallinae*. Bei
den Weibchen dieses Wurmes werden auch die Eier von *Histomonas* befallen. Im Schutze der Eischale des Fadenwurmes kann
dann auch der parasitische Einzeller von einem Vogel zum anderen
übertragen werden.

b) Das Leben im Wirt

1. Schlüpfstoffe und andere Auslöser

Entwicklungsstadien von Parasiten, seien es nun embryonierte
Eier, Larven oder Cysten, die im Freien liegen und „auf das Glück
warten", von einem Wirtstier aufgenommen zu werden, sind fast

stets Dauerstadien, die, widerstandsfähig oft gegen selbst extreme Umwelteinflüsse (Temperatur, Trockenheit u. dgl.), unter Umständen monatelang ohne Wirt ausharren können. Auch in ihrem Zwischenwirt stellen, wie wir hörten, die Schmarotzer-Larven auf einem bestimmten Stadium die Entwicklung ein, encystieren sich oft und „warten" ebenfalls auf die Übertragung, da sie erst im Endwirt ihre Entwicklung fortsetzen können. Viele Eier und Cysten von Parasiten haben daher eine widerstandsfähige Schale, die den Keim schützt (Abb. 36 u. 46). Woran „merkt" nun aber die in der Eischale eingeschlossene Larve eines Spulwurmes oder Bandwurmes, wann sie endlich in einen geeigneten Wirt gelangt ist und nun ausschlüpfen darf? Da das Magen- und Darmmilieu sich in einer Reihe von physikalischen und chemischen Faktoren von der Außenwelt unterscheidet, dienen solche als „Auslöser", als „Schlüsselreize", für das Ausschlüpfen der Parasiten. So ist

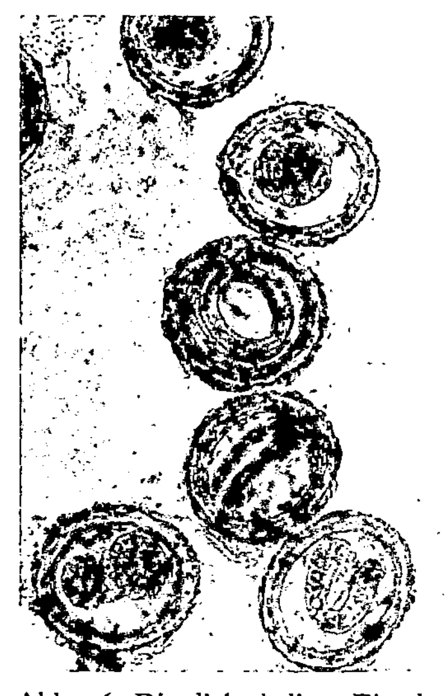

Abb. 46. Die dickschaligen Eier des Pferdespulwurms *(Parascaris equorum)*, in deren Inneren z. T. schon Larven entwickelt sind. (Original)

der Magen vieler Säugetiere schon allein durch seinen hohen Säuregrad eindeutig gegenüber der freien Umwelt charakterisiert. Ferner gibt es im Magendarmtrakt wesentlich weniger Sauerstoff, was schlüpfauslösend wirken kann, und auch das Vorhandensein bestimmter Verdauungsfermente (z. B. Pepsin) kann ein Startzeichen geben. Bei den warmblütigen Vögeln und Säugetieren können auch die in ihrem Inneren herrschenden hohen Temperaturen den Parasiten kundtun, daß sie am Ziel sind. Bei manchen Bandwürmern besteht die Eischale aus Eiweiß, das erst durch besondere Fermente des Wirtes „verdaut" werden muß, ehe die eingeschlossene Larve frei werden kann, was ihr außerhalb des Wirtes gar nicht möglich ist. Hier wirkt also das Darmmilieu direkt auf die Eihüllen ein. Häufig läßt sich jedoch auch eine indirekte Wirkung nachweisen. Aus den Eiern des Spulwurmes *(Ascaris)* z. B. (Abb. 46) schlüpfen im Experiment auch in der Glasschale die Larven aus, wenn man die Temperatur auf 37°C erhöht, gasförmiges Kohlendioxyd zugibt und durch den Zusatz reduzierender Substanzen den Sauerstoffgehalt absenkt. Durch diese Reize stimuliert, produzieren die in ihren Eischalen eingeschlossenen Larven eine „Schlüpfflüssigkeit", mit deren Hilfe die Eischale von innen her „angedaut" wird. Hat man eine größere Anzahl von Larven durch die entsprechenden Reize zur Produktion des Schlüpfstoffes angeregt, so kann man durch den Zusatz der so gewonnenen Schlüpfflüssigkeit auch unstimulierte, d. h. nicht „vorbehandelte" Spulwurmeier zum Schlüpfen bringen.

Neben solch allgemeineren Auslösern können in einem bestimmten Wirtstier auch höchst spezifische zur Wirkung kommen. So entwickeln sich manche Bandwurmcysten im Endwirt nur weiter, wenn ganz bestimmte Gallensalze und eiweißspaltende Fermente in ganz bestimmter Konzentration einwirken, Bedingungen, die eben nur vom spezifischen Wirtstier geboten werden können. Darauf beruht unter anderem die für viele Parasiten nachgewiesene Wirtsspezifität (s. S. 138).

2. Sauerstoffmangel und Verdauungsfermente
Warum der Schmarotzer nicht erstickt und nicht verdaut wird

Während die meisten Ektoparasiten auf ihrem Wirt in vieler Hinsicht noch ähnliche Umweltsverhältnisse antreffen, wie frei lebende Formen auch, hausen Binnenschmarotzer unter oft recht ungewöhnlichen, ja lebensfeindlichen Bedingungen, besonders solche, die im Darmtrakt schmarotzen, wie die meisten parasitischen Würmer. Im Darmtrakt der Wirbeltiere gibt es nämlich fast keinen Sauerstoff für die Atmung und werden Verdauungsfermente produziert, denen der Schmarotzer zu widerstehen hat. Wie ist es möglich, daß die Parasiten etwa im Darm eines Fleischfressers nicht einfach verdaut werden? Lange Zeit hat man nach besonderen Schutzeinrichtungen der Schmarotzer gegenüber den Fermenten ihrer Wirte gesucht. In erster Linie kommen hierfür natürlich besondere Hüllen in Betracht, und in der Tat ist die äußerste Hautschicht (Cuticula) der parasitischen Fadenwürmer aus

Substanzen aufgebaut, die von tierischen Fermenten nicht angegriffen werden können, wohl jedoch z. T. von pflanzlichen, worauf die Wirkung bestimmter Pflanzenextrakte beruht, die in neuerer Zeit als Wurmmittel Verwendung finden. Bei manchen Spulwürmern und Bandwürmern hat man darüber hinaus Stoffe nachweisen können, die als „Antifermente", die Wirkung der Fermente des Wirtstieres blockieren. So wird im Versuch Eiweißsubstanz, die vorher mit Preßsäften von Spulwürmern getränkt wurde, für das eiweißspaltende Ferment Trypsin unangreifbar. Den wesentlichsten Schutz für Darmschmarotzer, unter denen es ja auch zarte einzellige Formen gibt, scheint jedoch die normale, lebende Zellmembran darzustellen, die offensichtlich fermentativen Eingriffen gut zu widerstehen vermag. Die lebenden Gewebe des Magens und Darmes eines Tieres verdauen sich ja auch nicht selbst. Die tierischen und pflanzlichen Substanzen dagegen, die der Ernährung dienen, sind abgetötet und daher aufschließbar.

Besondere Anpassungen an das Darmmilieu zeigt der Atmungsstoffwechsel der dort lebenden Schmarotzer. Wir sagten schon, daß es in Darm und Leber eines Wirbeltierwirtes nur äußerst wenig freien Sauerstoff gibt, an manchen Stellen scheint er sogar völlig zu fehlen. Eine richtige Atmung unter Verwendung von Sauerstoff, die als Endprodukte nur Kohlendioxyd (CO_2) und Wasser hinterläßt und dabei viel Energie freisetzt, können Darmschmarotzer deshalb nicht durchführen. Sie haben daher einen Gärungsstoffwechsel, wobei die Ausgangssubstanzen Glykogen oder Fett in zwar noch energiehaltige Endprodukte (Fettsäuren) zerlegt werden, ein Vorgang der ohne freien Sauerstoff ablaufen kann, allerdings auch eine weitaus schlechtere Energieausbeute bringt und daher „verschwenderisch" ist. Dies können sich die Darmschmarotzer jedoch durchaus leisten, da ihnen Nahrung reichlich zu Verfügung steht, und da sich die meisten nicht viel bewegen müssen und dadurch Energie sparen. Dennoch sind die meisten Darmschmarotzer in der Lage, den in geringen Mengen vorhandenen Sauerstoff auszunutzen, verfügen also noch über das für die Atmung nötige Fermentsystem. Der Anteil, den die Sauerstoffatmung neben der Gärung am Stoffwechsel hat, ist um so größer, je mehr Kontakt die betreffende Parasitenart mit der Darmwand hat, die ja durchblutet und dadurch mit Sauerstoff versorgt wird. Manche Schmarotzer, so die Spulwürmer und der Leberegel, haben daher sogar in ihrer Körperflüssigkeit Haemoglobin gelöst, also einen Sauerstoff reversibel bindenden Farbstoff, der dem in unseren roten Blutkörperchen vorkommenden weitgehend gleicht, ja ihn in seinem Sauerstoffbindungsvermögen oft noch übertrifft. Dadurch wird der Sauerstofftransport im Körper der Schmarotzer erleichtert, bleibt jedoch immer ein Problem, da ein pulsierendes Blutgefäßsystem den parasitischen Würmern ja fehlt. Da der vorhandene Sauerstoff am besten mit einer möglichst großen Körperoberfläche aufgenommen werden kann, und da es gilt die im Körper zu überbrückenden Strecken möglichst klein zu halten, ergibt sich als zweckmäßigste Körperform die Wurmgestalt, wie sie für viele Darmparasiten ja auch charakteristisch ist (s. S. 55).

c) Der Nachwuchs verläßt den Wirt

Wir hörten schon, daß zahlreiche Außenschmarotzer, wie z. B. die Läuse und Federlinge, mehrere Generationen auf ihrem Wirt durchlaufen, ihre Eier auf ihm festheften und nur bei engem Kontakt der Wirtstiere „umsteigen" können.

Ganz anders verhält es sich bei den mehrzelligen Binnenschmarotzern, die sich niemals in ihrem Wirt vermehren und bei denen es oft die Eier — z. T. jedoch auch Cysten und Larvenstadien — sind, die das Wirtstier verlassen, um einen neuen Wirt infizieren zu können. Für diese Schmarotzer gilt es also, die Fortpflanzungsprodukte nach außen ins Freie zu schaffen. Das ist bei solchen Arten kein Problem, die in Organen leben, welche mit der Außenwelt in offener Verbindung stehen. So gehen die Eier der Darmschmarotzer mit dem Kot, die der Nieren- und Harnblasenparasiten mit dem Harn ab. Eier von Lungenschmarotzern können ausgehustet oder aber abgeschluckt werden, um über den Darmtrakt nach außen zu gelangen.

Schwieriger wird die Situation schon für solche Entoparasiten, die in der Leibeshöhle, im Gewebe, im Blutgefäßsystem oder in anderen, von der Außenwelt völlig abgeschlossenen Organen leben. Sie müssen durch besondere Anpassungen dafür „gesorgt" haben, daß ihre Fortpflanzungsprodukte den Wirtskörper verlassen können. Von den verschiedenen Möglichkeiten wollen wir wenigstens einige näher betrachten.

Die einfachste Lösung ist es, wenn der Entoparasit mit einem Körperende Kontakt mit der Außenwelt aufrechterhält oder wieder herstellt und dadurch seine Eier direkt ins Freie abgeben kann. Das findet man z. B. bei der schon genannten Fledermauslausfliege *Ascodipteron*, die mit ihrem reduzierten Körper im Hautgewebe ihres Wirtes steckt, das Hinterende mit der Geschlechtsöffnung jedoch herausragen läßt (Abb. 47). Andere Entoparasiten

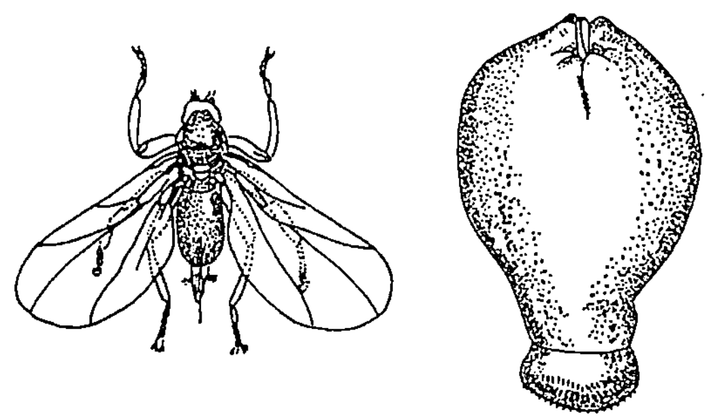

Abb. 47. Bei der parasitischen Fliege *Ascodipteron* ist das Männchen (links) normal gestaltet, während das Weibchen (rechts) nach dem Eindringen in die Wirtshaut Flügel und Beine abwirft und zu einem „Sack" anschwillt. (Nach Jobling aus Cameron: Parasites and parasitism 1956, London: Methuen)

brechen zur Zeit der Eiablage oder der Freigabe von Larvenstadien an umgrenzten Stellen durch die Körperwand ihres Wirtes. So macht es der Sackkrebs *Sacculina*, von dem ein Körperabschnitt, wie ein Bruchsack, an der Bauchseite der Krabbe nach außen hervorbricht (Abb. 17). Ähnlich verfährt auch das Weibchen des Medinawurmes, der im Unterhautbindegewebe des Menschen schmarotzt. Die legereifen Weibchen erzeugen offene Geschwüre z. B. an den Beinen des befallenen Menschen (Abb. 50 u. 51). Sobald diese mit Wasser in Berührung kommen, streckt das Weibchen sein Vorderende aus dem Geschwür heraus und entleert riesige Menge winziger Larven ins Wasser, wo diese von Hüpferlingen (*Cyclops* u. Verwandten) aufgenommen werden müssen, die als Zwischenwirte dienen. Der Mensch infiziert sich, indem er mit dem Trinkwasser den Zwischenwirt verschluckt (s. S. 88).

Sind es in den genannten Fällen die Weibchen der betreffenden Parasitenarten, die für den Durchbruch nach außen sorgen, so überlassen es einige Saugwürmer den Eiern, sich selbst einen Weg ins Freie zu bahnen. Manche Pärchenegel (Schistosomen) z. B. leben als geschlechtsreife Tiere in den Venen des Darmes oder der Harnblase des Menschen. Dort legen sie auch ihre Eier ab, die vom Blutstrom mitgerissen werden. Die Schale eines solchen

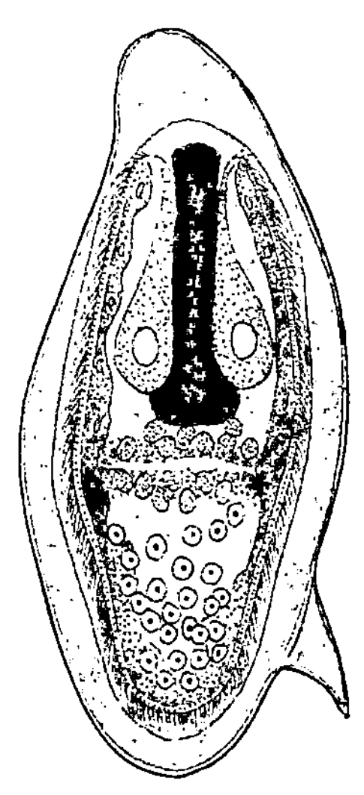

Abb. 48. Das Ei des Saugwurms *Schistosoma mansoni* ist mit einem Stachel versehen. (Aus Piekarski 1954)

Eies trägt nun einen bei den verschiedenen Schistosomen-Arten unterschiedlich ausgebildeten scharfen Dorn oder Stachel (Abb. 48), der offensichtlich dafür sorgt, daß die Eier, wenn sie in den feinsten Blutgefäßkapillaren der Darmwand oder der Harnblasenwand stecken bleiben, diese zerreißen und so in das Lumen dieser Organe gelangen. Einmal dorthin „durchgebrochen", können sie mit dem Harn oder den Fäzes ausgeschieden werden.

Eine besondere praktische Lösung findet sich schließlich bei den in den Lymphknoten, im Blutgefäßsystem oder im Bindegewebe ihrer Wirte schmarotzenden Fadenwürmern aus der Gruppe der Filarien. Auch sie geben ihre Eier, in denen bereits die Larve entwickelt und von der elastischen Eihülle wie von einer Haut umgeben ist (Mikrofilarien), in das Blut ihrer Wirte (darunter auch der Mensch) ab, überlassen es nun aber dem Zwischenwirt, die dort driftenden Eier aus dem Wirtskörper herauszuholen. Als Zwischenwirte dienen hier nämlich blutsaugende Insekten und Zecken, die mit der Blutmahlzeit auch die larvenhaltigen Eier der Parasiten aufsaugen. Nachdem die Filarienlarven einen Teil ihrer Entwicklung in den Insekten durchgemacht haben, lassen sie sich von ihnen wieder zu einem neuen Endwirt transportieren, in den sie „umsteigen", sobald ihr Zwischenwirt sich anschickt, wieder Blut aufzunehmen (Abb. 45). Auf diese Weise gelangt hier der Parasit vom Endwirt zum Zwischenwirt und wieder zurück auf ziemlich direktem Wege, ohne daß ein Aufenthalt im Freien erforderlich ist.

d) Synchronisation der Entwicklung

Viele freilebende Tiere haben bestimmte Fortpflanzungszeiten im Jahr, die meist so liegen, daß die Jungen günstige Umweltsbedingungen für ihre weitere Entwicklung vorfinden. So brüten bei uns die meisten Vögel im Frühjahr und Sommer, nicht nur, weil zu dieser Zeit die Temperaturverhältnisse am günstigsten sind, sondern weil dann auch die zur Jungenaufzucht benötigte Nahrung reichlich zur Verfügung steht. Wir wissen, daß hierbei oft die mit den Jahreszeiten wechselnden Tageslängen als „Kalender" fungieren. So bringen die im Frühjahr immer länger werdenden Tage und die damit verbundene längere Lichteinwirkung auf hormonalen Wege viele Vögel in Fortpflanzungsstimmung und setzen die Reifung der Geschlechtsorgane in Gang. In Trockengebieten, wie in manchen Gegenden Australiens, kann dagegen die einsetzende „Regenzeit" als „Zeitgeber" dienen, die den Vögeln den Anstoß gibt, das Brutgeschäft zu beginnen, wodurch sie dort mit der Jungenaufzucht in eine günstige Periode kommen.

Die meisten Parasiten lassen eine solche Abhängigkeit von Umwelteinflüssen nicht erkennen. Sie geben fortwährend Fortpflanzungsprodukte nach außen ab, unabhängig von der Jahreszeit und dem Zustand, in dem sich ihr Wirtstier gerade befindet.

Bei einigen Schmarotzern jedoch ist es in Anpassung an besondere ökologische Gegebenheiten dazu gekommen, daß nur zu bestimmten Zeiten oder in bestimmten Situationen Nachkommen produziert oder abgestoßen werden, nämlich dann, wenn für sie Aussicht besteht, in ein geeignetes Wirtstier zu gelangen oder für die Entwicklung günstige Umweltsbedingungen anzutreffen. Einige solcher Fälle, die jeweils etwas verschieden gelagert sind, wollen wir uns näher betrachten.

1. Der Parasit „laicht "mit dem Wirt ab

Auf den Fischen des Meeres und des Süßwassers leben als Außenschmarotzer in zahlreichen Arten die monogenen Trematoden oder Saugwürmer (s. S. 26), die sich mit Saugnäpfen oder Haken an der Haut und an den Kiemen ihrer Wirte anheften. In ihrer Entwicklung sind sie an das Wasserleben angepaßt, da aus den Eiern eine freischwimmende Flimmerlarve schlüpft, die einen Fisch aufsucht, um dort direkt zum geschlechtsreifen Saugwurm heranzuwachsen. Neben diesen auf Fischen schmarotzenden Arten kennt man jedoch u. a. auch eine, die einen Landbewohner als Wirt hat, nämlich den Grasfrosch. Dieser Schmarotzer, *Polystomum integerrimum* (Abb. 49) genannt, ist vom Ekto- zum Entoparasiten geworden, lebt er doch in der Harnblase seines Wirtes, wie in

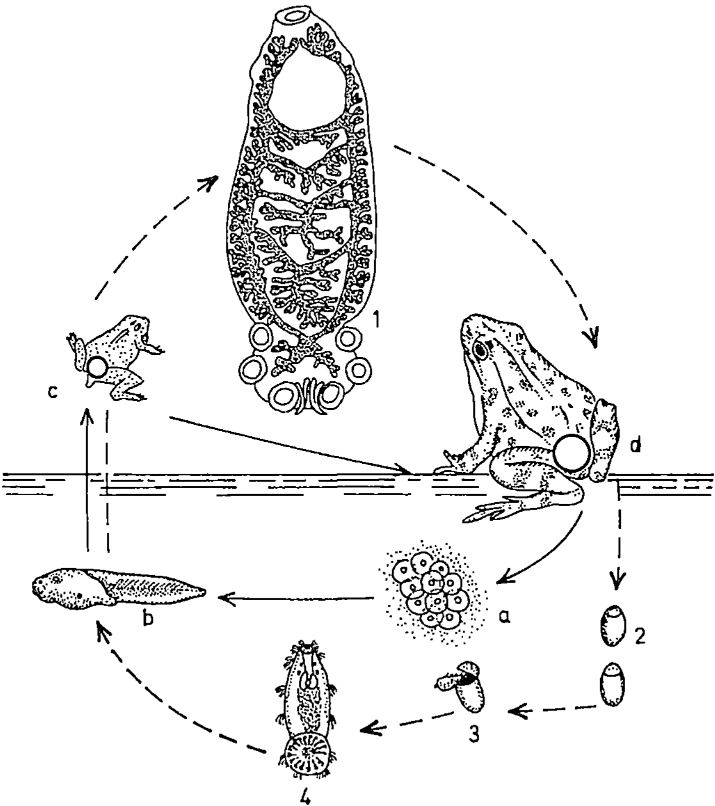

Abb. 49. Entwicklungsgang des Froschsaugwurms *Polystomum integerrimum*. *1* der geschlechtsreife Saugwurm aus der Harnblase des Frosches (*d*). Während der Froschlaich (*a*) sich entwickelt, schlüpft aus den Eiern des Saugwurms (*2* bis *3*) im Wasser die Larve (*4*) und setzt sich an den Kiemen einer Kaulquappe (*b*) fest. Bei der Umwandlung zum kleinen Frosch (*c*) wandert der junge Saugwurm in die Harnblase. (Nach einer Abb. von SMYTH: Introduction to animal parasitol, Engl. Universities press, London, verändert). Die Parasiten sind im Verhältnis zum Frosch stark vergrößert dargestellt

einem „Aquarium". Dadurch hat er sich sein „flüssiges Milieu" erhalten und entgeht beim Landaufenthalt des Frosches der Gefahr der Austrocknung. In der Entwicklung ist jedoch auch *Polystomum* noch an das Wasser gebunden. Nur wenn seine Eier ins Wasser gelangen, schlüpft die Flimmerlarve. Sie braucht für ihre weitere Entwicklung Kaulquappen, an deren Kiemen sie sich festsetzt, sich also ebenso verhält, wie es für viele ihrer auf Fischen schmarotzenden Verwandten typisch ist. Auf den Kiemen der Kaulquappen festgeheftet, wächst die *Polystomum*-Larve nun zunächst als Ektoparasit heran. Sobald die Kaulquappen jedoch beginnen, sich in kleine Fröschchen zu verwandeln und dabei ihre Kiemen abbauen, wandern die jungen Saugwürmer über Mund-höhle und Darm in die Harnblase ein, die bei den Fröschen in offener Verbindung mit dem Enddarm steht. Die *Polystomum*-Larve kann also nur im Wasser leben und nur Kaulquappen mit Kiemen befallen. Da die Frösche zum Laichen ins Wasser gehen und dann auch bald Kaulquappen entwickelt sind, ist die Laich-zeit der Frösche die einzige Zeit im Jahr, in der die Parasitenlarve Entwicklungsmöglichkeiten besitzt. Darauf ist *Polystomum* in der Tat eingestellt. In jungen Fröschen, die noch nicht geschlechtsreif sind, bleiben auch die Geschlechtsorgane des Schmarotzers un-entwickelt. Erst wenn die etwa dreijährigen Frösche das erste Mal zur Fortpflanzung schreiten, produziert auch der inzwischen eben-so alte Schmarotzer in der Harnblase seine Eier. Im selben Rhyth-mus wie bei seinem Wirt setzt dann auch in den folgenden Jahren die Fortpflanzungsperiode von *Polystomum* gleichzeitig mit der des Frosches ein, während außerhalb der Laichzeit der Frösche auch der Parasit keine Eier produziert. Das Ganze wird wahrscheinlich dadurch gesteuert, daß der Saugwurm auf die zur Laichzeit im Blut des Frosches kreisenden Hormone anspricht und diese auch bei ihm die Eiablage bewirken.

In jüngster Zeit ist ein ähnlich gelagerter Fall auch für einen Floh nachgewiesen worden, der zu schön ist, um hier nicht auch kurz berücksichtigt zu werden.

2. Der Kaninchenfloh braucht ein Nest

Flöhe sind Ektoparasiten, die durchaus ihren Wirt verlassen können und deren Larven, wie wir schon hörten, stets getrennt vom Wirtstier im Detritus der Nester leben. Nach der Verwandlung haben die jungen Flöhe somit auch meist wieder Gelegenheit ein Wirtstier anzutreffen. Für die Entwicklung der Flohlarven im Nest eines Säugetieres oder Vogels sind weiterhin auch die dort herrschenden Temperaturverhältnisse günstig. Bewohnte tierische Nester stehen jedoch meist nicht das ganze Jahr über, sondern eben nur zur Fortpflanzungszeit der Säugetiere und Vögel zur Verfügung. Von *einem* Floh wissen wir nun, daß er diesem Tatbestand Rechnung trägt und daher nur in der Fortpflanzungszeit seines Wirtes Eier ablegt — es ist der Kaninchenfloh *(Spilopsyllus cuniculi)*. Die weiblichen Kaninchenflöhe haben außerhalb der Fortpflanzungszeit ihrer Wirte stets unentwickelte Eierstöcke und bei den Flohweibchen, die auf Kaninchenböcken Blut saugen, bleibt das immer so. Sobald jedoch ein Kaninchenweibchen trächtig ist und besonders, wenn der Geburtstermin naht, beginnen bei den Flohweibchen, die auf dieser werdenden Kaninchenmutter Blut saugen, plötzlich die Eier zu reifen. Nach der Geburt der jungen Kaninchen steigen die Flöhe von der Mutter auf die Kinder über und beginnen im Kaninchennest mit der Eiablage. Die schlüpfenden Flohlarven leben nun im Nest neben den Jungkaninchen, auf denen ihre Flohmütter weiter Blut saugen. Der Kot der auf den jungen Kaninchen sitzenden Flöhe fällt in das Nest und enthält noch wertvolle unverdaute Reste der Blutmahlzeit. Die Flohlarven fressen diesen Kot ihrer Eltern und scheinen auf diese Beikost angewiesen zu sein. Experimente haben ergeben, daß im Blut schwangerer Kaninchenweibchen und auch der Neugeborenen offensichtlich ein noch nicht näher faßbarer „Faktor" enthalten ist, der die Eierstöcke der Flohweibchen zur Reife bringt, wodurch der Entwicklungszyklus des Kaninchenflohes so mit dem seines Wirtes synchronisiert ist, daß die Flohlarven stets ein warmes Nest zur Verfügung haben.

3. Der Medinawurm braucht Wasser

Auch unser Saugwurm aus der Harnblase des Frosches *(Polystomum)* brauchte Wasser für seine Entwicklung, und da der Grasfrosch, obgleich er sich viel an Land aufhält, doch zur Laichzeit für einige Tage das Wasser aufsuchen muß, bieten sich zu dieser Zeit dem Parasiten Chancen. Anders ist das beim Medinawurm

(Dracunculus medinensis), dessen Larven ebenfalls ins Wasser gelangen müssen, da sie einen kleinen Wasserfloh *(Cyclops)* als Zwischenwirt benötigen. Endwirt ist jedoch der Mensch, in dessen Haut der geschlechtsreife Parasit haust und, wie wir schon hörten,

Abb. 50. Weibchen des Medinawurms *(Dracunculus medinensis)* im Bein eines Menschen. Der Wurm wurde mit einem Kontrastmittel injiziert, damit er bei der Röntgenaufnahme sichtbar wird. (Nach BORTEAU-ROUSSEL, aus PIEKARSKI 1954)

Geschwüre bildet, über deren Öffnung er seine Larven abgibt (Abb. 50). Dies sollte zweckmäßigerweise nur dann geschehen, wenn der Mensch sich im Wasser aufhält, denn nur dort haben die Parasitenlarven Aussicht, einem Wasserfloh zu begegnen. Da der Mensch zu unregelmäßigen Zeiten und oft nur kurzfristig das Wasser aufsucht, muß das Medinawurmweibchen rasch reagieren.

Welche Reize leiten es dabei?

Interessanterweise erzeugt das Medinawurmweibchen Geschwüre bevorzugt an *den* Stellen des menschlichen Körpers, die am häufigsten mit Wasser in Berührung kommen, nämlich meistens am Unterschenkel und an den Füßen. Bei Wäscherinnen, die die Arme viel im Wasser haben, treten die Geschwüre dagegen oft an den Armen auf, ohne daß man bis heute weiß, was den Parasiten dabei leitet. Nachdem der Schmarotzer auf diese Weise schon den günstigsten Ort des Wirtskörpers bezogen hat, gibt er tatsächlich nur dann Larven ab, wenn die von ihm produzierten Geschwüre mit Wasser in Berührung kommen. Als auslösender Reiz dient dabei die Abkühlung durch das Wasser. Das haben in früheren Zeiten die Medizinmänner ausgenutzt, indem sie die Geschwüre ihrer Patienten mit Wasser übergossen, das daraufhin hervortretende Vorderende des Schma-

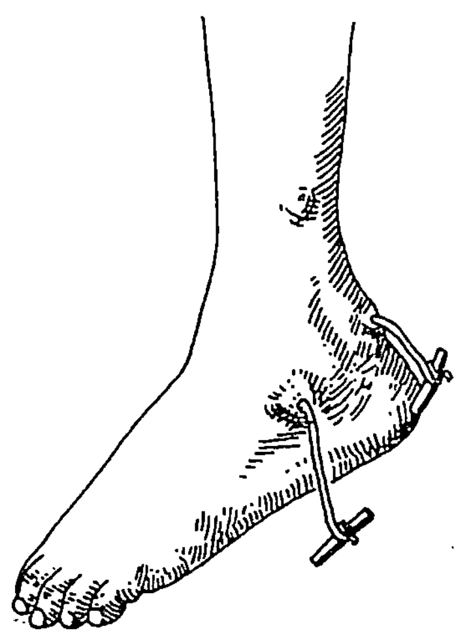

Abb. 51. Fuß eines Patienten, aus dessen Geschwüren Medinawürmer, an einem Stöckchen aufgewickelt, herausgezogen werden. (Nach BLANCHARD)

rotzers rasch in einem gespaltenen Holzstäbchen festklemmten, um dann langsam Stück für Stück das über einen Meter lang werdende Wurmweibchen auf den Stab aufzuwickeln und so aus dem Körper des Patienten zu entfernen. Manche Forscher vermuten sogar, daß der Äskulapstab, das Zunftzeichen der Ärzte, ursprünglich ein solches Stöckchen mit einem herumgewickelten Medinawurm darstellen sollte (Abb. 51) und dieser erst später, als man den ursprünglichen Zusammenhang nicht mehr kannte, als Schlange gedeutet und daher auch so dargestellt worden ist.

4. Tag und Nacht im Leben der Filarien

Als letztes Beispiel eines „synchronisierten" Entwicklungsganges wollen wir die Übertragung der Filarien vom Endwirt auf den Zwischenwirt betrachten. Wie wir bereits wissen (s. S. 77), kreisen bei diesen Fadenwürmern die Larvenstadien als „Mikrofilarien" im Blut des Endwirtes, z. B. des Menschen, und werden von blutsaugenden Insekten aufgenommen, die dann als Zwischenwirte dienen. Als solche kommen in verschiedenen Gebieten unterschiedliche Insektenarten in Betracht, die ihrerseits zu verschiedenen Tageszeiten aktiv sind. So fliegen z. B. die Stechmükken der Gattung *Culex* bevorzugt nachts den Menschen an, während solche der Gattung *Aedes*, ebenso wie die Bremsen (Tabaniden), vor allem tagsüber zum Blutsaugen kommen. Darauf haben sich manche Filarienarten „eingestellt", indem ihre Larvenstadien nur zu bestimmten Zeiten im peripheren Blut kreisen, während sie die übrige Zeit in den Lungengefäßen im Inneren des Endwirtskörpers verbringen. Dabei ist es zu einer Synchronisation in der Aktivität der Fadenwürmer und der ihrer Zwischenwirte gekommen. Die Filarien gehen gewissermaßen nur dann auf „Patrouille", wenn sie auch Chancen haben, von Stechmücken aufgesogen zu werden. So wird z. B. die im Menschen schmarotzende Filarie *Wuchereria bancrofti* in Melanesien und Mikronesien bevorzugt von den nachtaktiven *Culex*-Arten übertragen, und dementsprechend finden sich Mikrofilarien nur nachts im peripheren Blut des Menschen, am Tag sucht man dort vergeblich nach ihnen. Auf den Fidschi- und Samoainseln dagegen dienen tagaktive *Aedes*-Stechmücken als Überträger der *Wuchereria*, und hier treten die Mikrofilarien am Tag in den Hautkapillaren des Wirtes auf, während sie nachts sich im Inneren des Wirtskörpers aufhalten. Die verwandte Filarienart *Loa loa*, die ebenfalls zu den Parasiten des Menschen zählt, benutzt als Zwischenwirte nur Bremsen — und da diese ausschließlich am Tage Blut saugen, finden sich die Mikrofilarien auch dieser Art nur tagsüber „auf dem Posten" in den Hautblutgefäßen, wo sie von den saugenden Bremsen aufgenommen werden können.

Welche Milieuänderungen im Wirtskörper das Erscheinen der Mikrofilarien im peripheren Blut auslösen, ist noch nicht restlos geklärt. Interessanterweise ist bei Menschen, die nachts arbeiten und am Tage schlafen, auch der Rhythmus im Auftreten der Mikrofilarien verändert.

VIII. Wechselwirkungen zwischen Parasit und Wirt

Nachdem wir in groben Zügen die wichtigsten Etappen in der Entwicklung verschiedener Schmarotzer kennengelernt haben, wollen wir uns nun mit den Wechselwirkungen zwischen Parasit und Wirt befassen und wenigstens einige ökologisch und biologisch interessante Phaenomene herausgreifen. Da beim Parasit-Wirt-Verhältnis zwei lebendige Systeme miteinander in Wechselwirkung treten, müssen wir mit Aktionen und Reaktionen rechnen, die sich vielfach nur schwer voneinander trennen lassen. Das dürfen wir nicht vergessen, wenn wir jetzt aus Gründen der Übersichtlichkeit die Wirkungen des Parasiten auf den Wirt und die des Wirtes auf den Parasiten getrennt darstellen.

a) Resistenz und Immunität

Daß der Wirt auf seinen Schmarotzer u. U. schon auf Distanz wirken kann, haben wir schon erwähnt, als wir von den anlockenden Wirkungen, die von manchen Wirten auf die Parasiten ausgehen, sprachen. Auch auf die nach erfolgter Aufnahme des Schmarotzers durch das Wirtstier von letzterem gebotenen physikalisch-chemischen „Auslöser" (s. S. 78) haben wir schon hingewiesen. Erst in jüngerer Zeit hat sich nun gezeigt, daß der Entoparasit von seinem Wirt keineswegs nur Nahrung und Wohnung bezieht, sondern in manchen Fällen auch von dessen Hormonstoffwechsel beeinflußt wird. So stellt der Zwergbandwurm *(Hymenolepis nana)*, der sich in Ratten gut entwickelt, die Produktion von Geschlechtsprodukten ein, wenn das Rattenmännchen, in dessen Darm er schmarotzt, kastriert wird. Sobald man einer solchen Versuchsratte jedoch männliches Geschlechtshormon einspritzt, beginnt auch der Bandwurm wieder, reife Eier auszubilden.

Am auffallendsten sind jedoch die *Abwehrreaktionen*, die der Wirt gegenüber seinen Parasiten zeigt. Dabei ist zu unterscheiden zwischen einer angeborenen *Resistenz* des Wirtes und einer erst in der Auseinandersetzung mit bestimmten Schmarotzern erworbenen *Immunität.*

Die *Resistenz* kann allein durch bestimmte Baueigentümlichkeiten eines Tieres bedingt sein, die den Befall mit manchen Schmarotzern ausschließen. Wasserbüffel werden z. B. schon

deshalb nicht von Pärchenegeln (Schistosomen) befallen, weil es
den Cercarienlarven des Schmarotzers (s. S. 20) nicht gelingt,
die dicke Büffelhaut zu durchdringen, während ihnen dergleichen
bei den weit weniger „dickfelligen" Menschen keine Schwierig-
keiten macht. Der Zwergbandwurm *(Hymenolepis diminuta)*, der
in Nagern vorkommt, kann fertig entwickelte Mehlkäfer *(Tene-
brio molitor)* als Zwischenwirte benutzen. Die aus den aufgenommenen Bandwurmeiern schlüpfende Oncosphaera-Larve
bohrt sich durch die Darmwand des Käfers und bildet sich in
dessen Leibeshöhle zu einer „Bandwurmfinne" (hier Cysticercoid
genannt) um, die nun wieder für die Ratte infektiös ist. Die Larven
des Mehlkäfers, die sogenannten Mehlwürmer, dagegen sind
einen solchen Befall gegenüber weitgehend resistent. Ihre Darmwand ist dicker als die des Käfers und die Nahrung passiert bei den
Larven auch schneller den Darm, so daß eine ausschlüpfende
Bandwurmlarve beim Mehlwurm auf größeren Widerstand beim
Durchbohren der Darmwand stößt und auch weniger Zeit hat sich
anzuheften. Das ist der Grund, daß die Käferlarve weniger als
Zwischenwirt geeignet ist als der fertige Käfer. Injiziert man im
Experiment die Bandwurmlarven direkt in die Leibeshöhle des
Mehlwurms, umgeht also die Hindernisse, die ihr normalerweise
im Wege stehen, dann kann sie sich auch im Mehlwurm weiterentwickeln. In diesem Beispiel ist also der fertig entwickelte Mehlkäfer anfällig, seine Larve dagegen nicht. In vielen Fällen ist es
umgekehrt, ist eine gewisse „Altersresistenz" festzustellen, so daß
besonders Jungtiere von bestimmten Schmarotzern befallen werden
können, die Erwachsenen dagegen seltener. So werden Kücken und
Junghühner relativ stark von einem Darmnematoden, *Ascaridia
lineata* befallen, während dieser Parasit in älteren Hühnern nur
schwer Fuß fassen kann, was wahrscheinlich an der stärkeren
Schleimproduktion der Dünndarmwand bei den Alttieren liegt.

Weitverbreitet als Abwehrmechanismen gegen Parasiten sind
schließlich entzündliche Gewebsreaktionen, wie sie auch Fremd-
körpern gegenüber auftreten können, wobei es u. U. zur Ein-
kapselung des Eindringlings durch das Wirtsgewebe kommt. Die
natürlichen Perlen der Muscheln sind solche, aus mehreren Perl-
mutterschichten aufgebaute Abwehrkapseln, durch die in die
Mantelhöhle der Muscheln eingedrungene Larven von Saug-

würmern z. B. eingeschlossen werden. Da sich diese Larven nach
einiger Zeit zersetzen, sieht man im Inneren einer „echten" Perle
bei Durchleuchtung keinen Fremdkörper mehr, während die
Zuchtperlen, für deren Bildung ein Stückchen Perlmutter als
Anreiz vom Menschen eingesetzt wurde, an diesem „Schatten"
im Inneren zu erkennen sind.

Im Gegensatz zu dieser auf allgemeineren Reaktionen beruhen-
den Resistenz, weist die erworbene *Immunität* größere Spezifität
auf, richtet sie sich doch meist nur gegen einen weiteren Befall
mit derjenigen Schmarotzerart, die sie verursacht hat. Die Immunität beruht auf Antigen-Antikörper-Reaktionen, wobei die
Körpersubstanzen oder Ausscheidungsprodukte der Parasiten
als Antigene wirken, gegen die der Wirt spezifische Antikörper
ausbildet. Allgemein bekannt ist ein derartiger Abwehrmechanismus gegen krankheitserregende Bakterien und Viren aus der
Humanmedizin, wo er auch zur Erzeugung eines Impfschutzes
ausgenutzt wird. Ähnliche Immunitätsreaktionen können auch
von parasitischen Würmern ausgelöst werden, vor allem von
solchen, die zumindest während ihrer Entwicklung einmal
engeren Kontakt mit den Geweben ihrer Wirte aufnahmen, was
offensichtlich die Antikörperbildung anregt. Ein derartig er-
worbener Abwehrmechanismus gegen einen erneuten Befall hält
bei parasitischen Würmern jedoch meist nur solange an, wie das
Wirtstier von einer früheren Infektion her noch einige Parasiten
der betreffenden Art beherbergt, so daß also nur eine zusätzliche
„Superinvasion" erschwert wird. Dadurch wird verhindert, daß
eine Wirtsart von ihren Schmarotzern „überschwemmt" wird
(vgl. S. 69). Derartige Immunitätserscheinungen sind sowohl
gegenüber Bandwürmern, als auch Saugwürmern und Fadenwürmern gegenüber bekannt.

b) Läusekämme und chemische Waffen

Leichter zu beobachten, aber deshalb nicht weniger wirksam,
sind Abwehrmaßnahmen, die durch das Verhalten der Wirte
zustande kommen. Sie richten sich meist gegen Außenschmarotzer.
Allgemein bekannt ist, daß vor allem Vögel und Säugetiere sich
putzen und Bäder im Wasser oder im Sand nehmen, wodurch vor
allem Flöhe, Läuse und Federlinge, aber auch parasitische Milben

vom Körper entfernt werden können. Bei einigen Vögeln sind gar eigene Putzkrallen entwickelt, die ein effektvolleres Kratzen ermöglichen. Bei den Reihern, unserer Nachtschwalbe *(Caprimulgus)* und bei den Tölpeln (Abb. 52), unter den Seevögeln, ist es die Kralle der Mittelzehe, die zu einem kleinen „Läusekamm" umgestaltet ist, mit dem Ektoparasiten aus dem Kopfgefieder ausgekämmt werden können. Dieser Putzapparat hat sich offensichtlich gut bewährt, denn den Reihern z. B. fehlen auf die Kopfregion spezialisierte Federlinge. Da bei den ihnen verwandten Störchen, die keine solche Putzkralle besitzen, Kopffederlinge durchaus verbreitet sind, liegt es nahe, das Fehlen solcher Schmarotzer bei den Reihern auf das Vorhandensein und die Wirksamkeit der Putzkralle zurückzuführen.

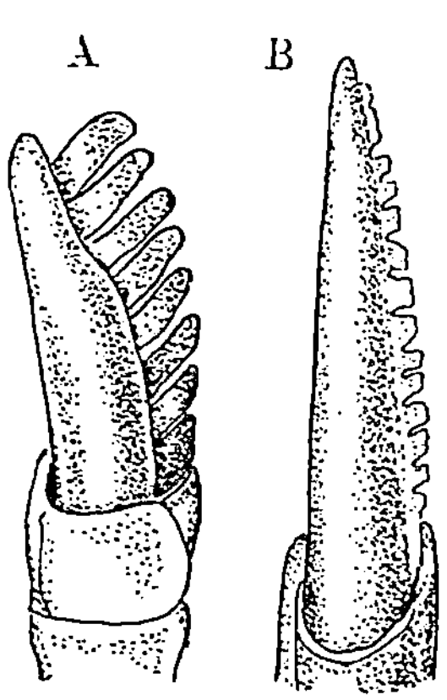

Abb. 52. Putzkralle an der Mittelzehe des Fußes des *A* Ziegenmelkers (Caprimulgus) und des *B* Fischreihers (Ardea). (Aus HESSE-DOFLEIN 1943)

Noch ziemlich rätselhaft ist schließlich ein Verhalten mancher Vogelarten, das man als „*Einemsen*" bezeichnet hat. Es besteht darin, daß sich Vögel in der Nähe von Ameisenansammlungen auf den Boden niederlassen, um in den Ameisen zu „baden", ja diese mit dem Schnabel zu packen und im Gefieder abzustreifen. Dieses Verhalten wirkt eigenartig „lustbetont". Russische Forscher konnten zeigen, das nach einer solchen Prozedur die parasitischen Federmilben offensichtlich an der von den Ameisen verspritzten und im Gefieder verteilten Ameisensäure zugrunde gingen. Wir wissen von diesem relativ selten zu beobachtenden Verhalten leider noch recht wenig, doch scheint es durchaus möglich, daß die sich einemsenden Vögel auf diese Weise gewissermaßen eine „chemische Schädlingsbekämpfung" mit Hilfe von Ameisensäure durchführen.

c) Fremddienliche Zweckmäßigkeit oder vom „Sinn" der Symptome

Die Einwirkungen des Parasiten auf den Wirt sind mannigfacher Natur. In diesen Bereich fallen all die Schäden, die Schmarotzer ihren Wirt zuzufügen vermögen, vor allem, wenn sie in größerer Anzahl vertreten sind. Solche Schäden können rein mechanisch, allein durch die Größe der Schmarotzer oder durch deren Bewegungen hervorgerufen werden, durch den Nahrungsentzug, den der Wirt durch den Parasiten erfährt oder durch deren Ausscheidungsprodukte, die u. U. toxisch wirken. Wollten wir die wichtigsten Effekte auch nur kurz darstellen, wir würden den Rahmen dieses Bändchens sprengen müssen, denn gerade darüber liegen natürlich viele Untersuchungen vor. Da uns hier jedoch das Leben der Parasiten beschäftigt, können wir uns auf diejenigen Symptome beschränken, die für den Schmarotzer von Bedeutung sind. Wir wollen daher im folgenden versuchen, einige parasitäre „Krankheitserscheinungen" des Wirtes in ihrem typischen Verlauf unter diesem biologischen Gesichtspunkt zu verstehen. Wenn ein Specht Löcher in einen Baumstamm gehackt hat, dann begnügen wir uns ja auch nicht damit, zu fragen, *wie* er es getan hat und welchen Schaden er damit anrichtete, sondern wollen darüber hinaus wissen „warum" er es tat und welche Bedeutung dieses Tun für den Specht hat — sei es für die Nahrungsgewinnung, sei es für die Herstellung einer Bruthöhle. Von den durch manche Insekten an Pflanzen erzeugten Gallen wissen wir seit langem, daß hier in vielen Fällen das Pflanzengewebe in einer Weise reagiert, die dem Gallenerzeuger Vorteile bringt. Man hat in diesem Zusammenhang geradezu von „fremddienlicher Zweckmäßigkeit" gesprochen. Durchaus vergleichbare Verhältnisse lassen sich, wie wir gleich sehen werden, auch bei einer Reihe von Symptomen, die Parasiten an ihren tierischen Wirten hervorrufen, aufzeigen.

Wir haben oben vom kleinen Leberegel gesprochen (s. S. 75), dessen Larvenstadien (Metacercarien) die als zweite Zwischenwirte dienenden Ameisen geradezu „verrückt" machen, so daß sie sich an Grashalmen festbeißen, was durchaus der Übertragung des Parasiten auf den Endwirt „dienlich" ist. Ähnliche, das Verhalten des Wirtes betreffende, für den Parasiten „zweckmäßige" Befallssymptome kennt man auch in anderen Fällen. Bei den Gordiiden (Saitenwürmern), den Fadenwürmern nahestehenden Schmarotzern, zu denen das bekannte Wasserkalb gehört, parasitieren die Larven in der Leibeshöhle verschiedener Insekten, während die adulten Würmer frei im Wasser leben. Als Wirte dienen jedoch keineswegs Wasserinsekten, sondern u. a. häufig Heuschrecken und Schaben. Wenn die Schmarotzerlarven im Inneren dieser Insekten ihre Entwicklung abgeschlossen haben, streben ihre Wirte eigenartigerweise dem Wasser zu und gelangen damit in eine Umgebung, in der die Wurmlarven, wenn sie ihren Wirt verlassen haben, günstige Bedingungen für ihre Weiterentwicklung vorfinden (Abb. 53). Dieser „Drang", ein feuchtes Milieu aufzusuchen, ist ein Symptom an den befallenen Insekten, das demnach durchaus „zweckmäßig" für den Schmarotzer ist.

Auch die in Wolfsspinnen der Gattung *Trochosa* mit ihren Maden schmarotzenden Zweiflügler (Gattung *Oncodes* aus der Gruppe der Cyrtiden) veranlassen ihre Wirte zu ungewöhnlichen Handlungen. Die Weibchen dieser Spinnen bauen normalerweise Netze nur als Wohnröhren in Spalten des Bodens, die Männchen nur winzige „Spermanetze"

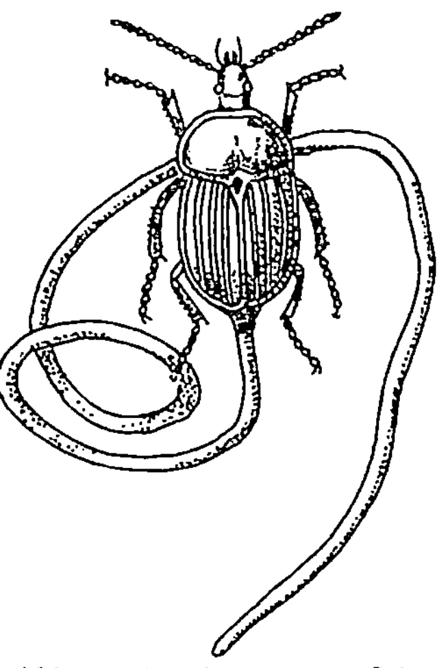

Abb. 53. Die Larve eines Saitenwurmes *(Gordionus silphae)* verläßt durch den After den Wirtskäfer *(Silpha)*. (Nach Heinze: Würmer, in Dahl: Tierwelt Deutschlands 1941. Jena: G. Fischer)

zur Fortpflanzungszeit. Sobald jedoch eine solche Spinne, gleichgültig welchen Geschlechts, von einer inzwischen in ihrem Inneren herangereiften *Oncodes*-Made befallen ist, ändert sich ihr Verhalten. Sie steigt an Pflanzenstengeln hoch und spinnt sich selbst völlig ein, so daß sie in einen geschlossenen „Kokon" liegt. Nach Beendigung dieses Werkes stirbt die Spinne schließlich, da sie inzwischen von der parasitischen Fliegenmade leergefressen worden ist. Der Schmarotzer verläßt nun die tote Spinne, um sich nach etwa einem Tag innerhalb des Gespinstes zu verpuppen. Nach weiteren 10 Tagen schlüpft schließlich die fertige Fliege aus ihrer sicheren „Puppenwiege", die ihr Opfer für sie noch kurz vor seinem Tode hergestellt hat.

Durchaus im Sinne des Schmarotzers können schließlich am Zwischenwirt hervorgerufene Symptome sein, die zu dessen Behinderung führen, wodurch dieser leichter eine Beute des Endwirtes wird, und damit auch die Chancen für eine weitere Entwicklung des Parasiten erhöht werden. Manche in Schlangen lebende Spulwürmer (Ascariden) benutzen Mäuse und Ratten als Zwischenwirte. Die Larven einiger dieser Schlangenascariden (so Angehörige der Gattung *Ophidascaris*) befallen das Unterhautbindegewebe vor allem im Bereich der Augen, Ohren und Vorderextremitäten der Mäuse und rufen dort stärkere Schwellungen hervor, wobei die Augen u. U. völlig zerstört werden. Die Mäuse sind durch diese Schwellung sehbehindert, hören schlechter und können sich wegen der geschwollenen Vorderbeine auch weniger gut bewegen, so daß sie relativ leicht eine Beute der Schlangen werden. Ähnliche Symptome rufen auch die Larven mancher Saugwürmer in Fischen hervor, die ebenfalls zum Erblinden führen können. Derart geschädigte Fische schwimmen oft an der Oberfläche des Wassers und werden dort leicht eine Beute von Möwen — und die sind wiederum die geeigneten Endwirte für diese Saugwurmarten.

Fast unglaublich klingt schließlich das der Übertragung dienende „Zusammenwirken" von Parasit und Zwischenwirt, wie wir es bei dem Saugwurm *Leucochloridium macrostomum* antreffen, der geschlechtsreif vor allem in jungen Singvögeln auftritt. Als einziger Zwischenwirt dient hier die Bernsteinschnecke *(Succinea)*, die die larvenhaltigen Eier aufnimmt. Die im Darm ausschlüpfende Miracidium-Larve dringt in die Leber der Schnecke vor und wächst dort zu einer schlauchförmigen Sporocyste heran (vgl. S. 20). Diese bildet mehrere wurstförmige Ausläufer, die aktiv beweglich sind und von denen sich einige in die fühlerartigen Augenstiele (die „Hörner") der Schnecke schieben, wodurch diese wurstförmig anschwellen (Abb. 54). Diese Sporocystenausläufer sind mit bräunlichen oder grünlichen Ringen versehen, die durch die dünne Haut des Schneckenfühlers hindurchschimmern. Da diese Schläuche zu ruckartigen, „peristaltischen" Bewegungen fähig sind, führt der so befallene Augenstiel der Schnecke eigenartig zuckende Bewegungen aus und erinnert so in Form, Farbe und Bewegung an eine Insektenlarve. Dafür halten ihn offensichtlich auch nahrungssuchende Singvögel, nimmt man doch an, daß sie derart befallene Augenstiele abpicken, um sie an ihre Jungen zu verfüttern. Sie übertragen auf diese Weise die zahlreichen infektiösen Larvenstadien („Metacercarien") von

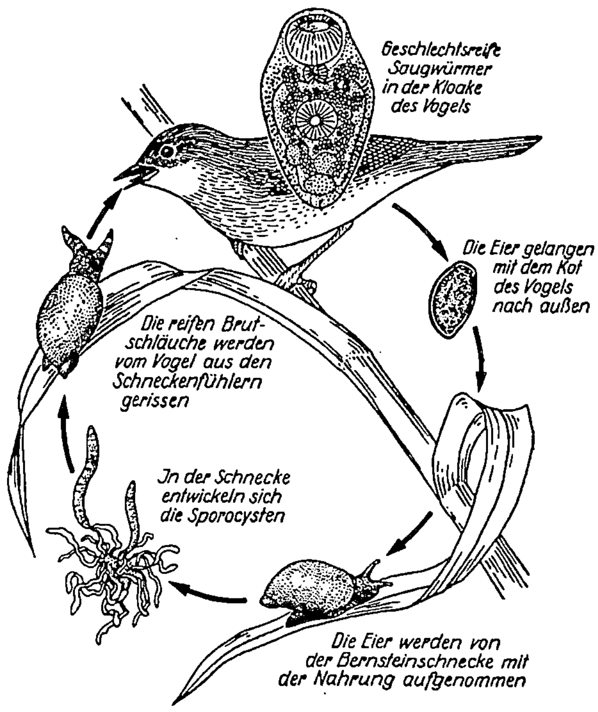

Abb. 54. Der Entwicklungsgang des Saugwurms *Leucochloridium* mit der Bernsteinschnecke als Zwischenwirt und Kleinvögeln als Endwirte. (Nach HOHORST 1937 aus BERNDT-MEISE: Naturgeschichte der Vögel 1959. Stuttgart: Franckh). Parasiten im Verhältnis zu den Wirten stark vergrößert dargestellt

Leucochloridium, die sich im Innern der Sporocystenschläuche entwickelt haben. Interessanterweise stellen die mit solchen Sporocystenschläuchen befallenen Bernsteinschnecken auch ihr Verhalten um. Während parasitenfreie Exemplare das Licht scheuen und sich tagsüber im Schatten der Krautschicht aufhalten, kriechen befallene Schnecken auch im vollen Sonnenschein auf der Oberseite der Blätter herum, wodurch sie natürlich mit ihren zuckenden „Hörnern" besonders die Aufmerksamkeit der Vögel erwecken. Nachts, wenn die in Frage kommenden Singvögel schlafen, ziehen sich die Sporocystenschläuche aktiv aus den Augenstielen der Schnecke zurück, so, als wollten sie ihr eine ungestörte Nachtruhe gönnen. Erst bei Belichtung am nächsten Morgen, und im Experiment natürlich auch, wenn man eine Lampe einschaltet, schieben sich die Schläuche wieder in die Augenstiele vor und begeben sich also wieder auf „Posten". Dieses Beispiel zeigt wie kaum ein zweites, wie fein aufeinander abgestimmt das Verhalten von Parasit und Wirt sein kann und wie viele Fakten zusammenwirken können, um die Entwicklung eines Schmarotzers zu sichern. Interessant ist weiterhin, daß in diesem Falle ein Wurm gewissermaßen eine Insektenlarve nachahmt, also Mimikry treibt, jedoch nicht, um von Verfolgern „verwechselt" und verschmäht zu werden, wie es sonst meist der Fall ist, sondern gerade, um ihre Aufmerksamkeit zu erregen und gefressen zu werden — denn das muß er, damit er sich als Parasit weiterentwickeln kann.

Erinnern wir uns abschließend daran, daß die vom Medinawurm in der Haut des Menschen hervorgerufenen Geschwüre, wenn sie aufbrechen, dem Schmarotzer erst die Möglichkeiten bieten, seine Larven ins Wasser abzusetzen (s. S. 89), so sehen wir auch darin ein für das Leben des Parasiten „zweckmäßiges" Befallssymptom.

Diese wenigen Beispiele mögen zeigen, daß die Reaktionen des Wirtes auf den Parasitenbefall keineswegs immer nur Abwehrmaßnahmen darstellen, sondern häufig in einer Weise verlaufen, die dem Schmarotzer für seine Entwicklung durchaus dienlich ist.

IX. Die Lebensgemeinschaft der Parasiten

Bisher haben wir nur die Wechselwirkungen zwischen dem Parasit und seinem Wirt betrachtet und so getan, als lebe der Schmarotzer allein in oder auf seinem Wirtstier. Wir hörten jedoch schon, daß viele, vor allem größere Tiere, oft zahlreichen verschiedenen Schmarotzern einen Lebensraum bieten. So wie die auf einer Wiese oder in einem Wald zusammenlebenden Tiere eine Lebensgemeinschaft (Biocoenose) bilden, indem sie direkt oder indirekt in Wechselwirkung stehen, so üben auch die Parasiten in oder auf einem Wirtstier Einflüsse aufeinander aus, ja sind z. T. direkt aufeinander angewiesen.

Im Enddarm vieler tropischer Tausendfüßer (Diplopoden) z. B. leben zahlreiche parasitische Fadenwürmer (Oxyuroidea), Wimpertierchen *(Nyctotherus)* und schlauchförmige Pilze (Eccrinidales) nebeneinander. Letztere sind mit einer saugnapfartigen

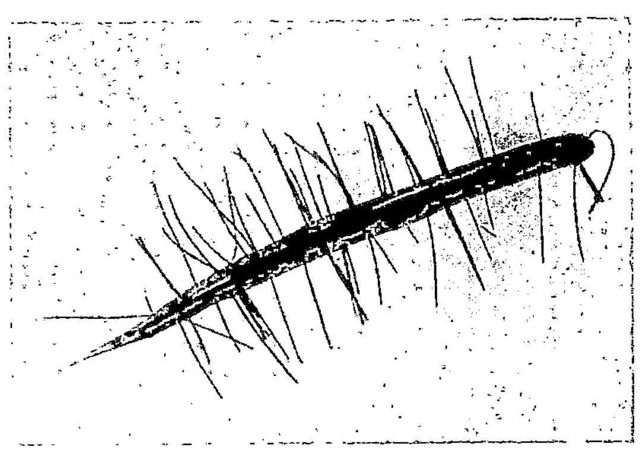

Abb. 55. Ein Fadenwurm (Rhigonematide) aus dem Darm eines tropischen Tausendfüßers, auf dessen Körper sich zahlreiche Pilzfäden (*Enterobryus*, Eccrinidales) festgeheftet haben. (Original)

Haftscheibe an der Darmwand der Tausendfüßer befestigt, benutzen jedoch auch die parasitischen Würmer als „Unterlage", indem sie sich auf ihrer Haut oft in großer Zahl festsetzen, so daß die Nematoden oft wie „bemoost" aussehen (Abb. 55), ohne dadurch Schaden zu nehmen. Liefern auf diese Weise die Fadenwürmer den Pilzen zusätzliche Ansiedlungsflächen, so gibt es auf der anderen Seite unter den Nematoden im Enddarm auch Arten (z. B. Gattung *Rhigonema*), die die an der Darmwand wachsenden Pilzfäden abweiden und damit die Pilze wieder dezimieren. Handelt es sich hier um Wechselbeziehungen zwischen parasitischen Tieren (Würmern) und Pflanzen (Pilzen), so wollen wir im folgenden uns auf die Wechselwirkungen von tierischen Schmarotzern untereinander beschränken und dadurch einen kleinen Einblick in die Lebensgemeinschaft der Parasiten, in die „Parasitocoenose" gewinnen. Dabei gilt es die Wechselwirkungen, die Artgenossen aufeinander ausüben, von solchen zu unterscheiden, die zwischen Angehörigen verschiedener Arten oder gar verschiedener Tierklassen bestehen. Außerdem lassen sich fördernde und hemmende Wirkungen trennen. Einige Beispiele sollen uns zeigen, worum es dabei im Wesentlichen geht.

1. Der Pärchenegel *(Schistosoma)* und seine Entwicklung

Beim Pärchenegel *Schistosoma mansoni* übt das Männchen einen fördernden Einfluß auf die Entwicklung seines Weibchens aus. Bei diesen Saugwürmern sind, im Gegensatz zu den meisten übrigen Trematoden-Arten, die Geschlechter getrennt, es gibt Männchen und Weibchen. Wir hörten schon, daß beim Pärchenegel das Männchen sein Weibchen in einer Falte auf der Bauchseite ständig mit sich herumträgt (s. S. 66) (Abb. 56), und wir erfahren jetzt, daß dieser enge Kontakt unbedingt erforderlich ist, damit das Weibchen geschlechtsreif wird. Da die befruchteten Eier bereits geschlechtlich determiniert sind und somit alle Cercarienlarven, die sich im Schneckenzwischenwirt aus *einer* Miracidium-Larve letztlich entwickeln, entweder Männchen oder Weibchen ergeben, kann man im Experiment einen Wirt mit Cercarien nur eines Geschlechtes infizieren. Nimmt man dazu männliche Larven, so entwickeln sich diese im Endwirt zu normalen

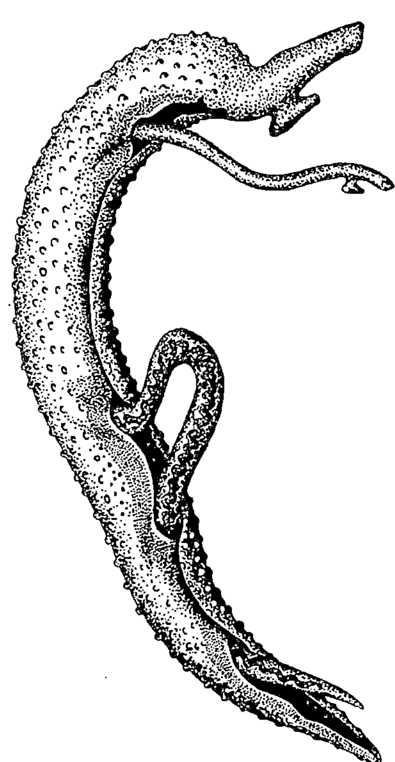

Abb. 56. Ein Paar des Pärchenegels *Schistosoma mansoni*, bei dem das größere Männchen sein Weibchen in einer Bauchfalte herumträgt. (Nach Gönnert aus Piekarski 1954)

geschlechtsreifen Männchen, die freilich das Pech haben, kein
Weibchen finden zu können. Macht man dasselbe Experiment
mit ausschließlich weiblichen Cercarienlarven, so stellen diese in
der Abwesenheit von Männchen nach etwa einem Monat ihre
weitere Entwicklung ein. Sie haben dann ungefähr erst die Hälfte
ihrer normalen Körpergröße erreicht; ihre Geschlechtsorgane
sind zwar angelegt, aber noch nicht ausgereift, so daß sie keine
Eier produzieren können. Beschickt man nun dasselbe Wirtstier
nachträglich auch mit männlichen Cercarienlarven, so entwickeln
sich diese zunächst zu geschlechtsreifen Männchen, die jetzt ihrerseits die „sitzengebliebenen“ unreifen Weibchen in ihre Bauchfalte aufnehmen. Auf diese Weise „an den Mann gebracht“ entwickeln sich nun auch die Weibchen bis zur Geschlechtsreife
weiter. Für die normale Entwicklung der Weibchen des Pärchenegels ist es demnach notwendig, daß Männchen im selben Wirtstier anwesend sind und in engen körperlichen Kontakt zu den
Weibchen treten, wobei es offensichtlich zu einer stofflichen Beeinflussung des Weibchens kommt. Damit jedoch nicht genug.
Die erste Phase ihrer Entwicklung im Endwirt machen diese
Blut fressenden Saugwürmer in der Leber des Menschen durch,
wo es auch zur „Paarung“ kommt. Dann wandern sie in die
engeren Blutgefäße der Aufhängebänder (Mesenterien) des
Darmtraktes. Die im obigen Experiment durch das Fehlen von
Männchen unverpaart gebliebenen, unfertigen Weibchen verlassen dagegen die Leber nie. Vielleicht sind sie zu schwach, um
gegen den Blutstrom in die Darmgefäße zu wandern, werden sie
normalerweise nach der Paarung doch von ihren größeren Männchen wie in einem Kahn transportiert.

2. Der Ento- und der Ektoparasit

Handelt es sich im ersten Beispiel um die Beeinflussung der
Entwicklung durch den Geschlechtspartner, also einen Artgenossen, so demonstriert der folgende Fall, daß manchmal ein
Parasit auch auf die Anwesenheit eines andersartigen angewiesen
sein kann, weil er ihn für seine Entwicklung braucht. So ist in
manchen Fällen die Anwesenheit von Außenschmarotzern am
selben Wirtsindividuum Voraussetzung für die Entwicklung bestimmter Binnenschmarotzer. Denken wir nur daran, daß bei

vielen abgeschlossen im Wirtsgewebe lebenden Entoparasiten, so
bei den Filarien (s. S. 78) und bei den Erregern der Schlafkrankheit (s. S. 22) oder der Malaria (s. S. 77), es blutsaugende, ektoparasitische Insekten sind, die die Schmarotzer aus ihren Wirten
heraussaugen und ihre Weiterentwicklung gewährleisten. Dank
dieser Abhängigkeit ist es möglich, die Malaria z. B. durch die
Bekämpfung der „Fiebermücken" niederzuhalten. Auch vom
Gurkenkernbandwurm des Hundes *(Dipylidium caninum)* haben
wir gehört (s. S. 74), daß er als Zwischenwirt ektoparasitische
Flöhe und Haarlinge des Hundes benötigt, also nur existieren
kann, wenn der von ihm befallene Hund auch noch von diesen
Außenschmarotzern geplagt wird. Auch die eigenartige Übertragung des Einzellers *Histomonas meleagridis* über die Eier eines
parasitischen Nematoden, haben wir schon erwähnt (s. S. 78).

3. Konkurrenz und wie sie umgangen wird

Es ist nicht selten, daß die in einem Wirtstier zusammen lebenden Parasiten sich gegenseitig hemmen. Das kann zum einen
daran liegen, daß sie ähnliche Ansprüche im Hinblick auf die
Nahrung oder auf bestimmte Anheftungsstellen im Wirt stellen,
sich also Konkurrenz machen, zum anderen aber auch daran, daß
die Ausscheidungsprodukte des einen Schmarotzers dem anderen
schaden. Oft wirken auch mehrere Faktoren zusammen. Derartige
Einflüsse können sich bei starkem Befall bei den Individuen auch
derselben Art geltend machen. Beim Hundespulwurm *(Toxocara
canis)* z. B. sind die Wurmindividuen umso kleiner, je mehr davon zusammen im Darm eines Hundes leben. Ähnliches kennt
man auch von Bandwürmern. Bei Schmarotzern, die zu verschiedenen Arten gehören, kann unter Umständen die eine die andere
Art verdrängen. So kommen im Darm von Ratten, auf dieselbe
Region gleich hinter dem Magen spezialisiert, sowohl Kratzer
(Gattung *Moliniformis*) als auch Bandwürmer (Gattung *Hymenolepis*) vor. Treffen beide Schmarotzer im selben Wirtsindividuum
zusammen, so drängen die Kratzer die Bandwürmer auf eine
weiter hinten gelegene Darmregion ab. Die Bandwürmer weichen
also gewissermaßen auf einen anderen Darmabschnitt aus, wo sie
freilich nicht optimal gedeihen, daher kleiner bleiben und auch
weniger Eier produzieren, als an ihrem angestammten Sitz. Einem

derartigen Konkurrenzdruck sind verschiedene Parasitenarten
dadurch ausgewichen, daß sie im Laufe ihrer langen stammesgeschichtlichen Entwicklung (s. S. 116) sich auf verschiedene
Regionen des Wirtskörpers spezialisiert haben und sich auf diese
Weise gewissermaßen „aus dem Wege gehen". Viele in oder auf
derselben Wirtsart zusammenlebende Schmarotzer haben dadurch
das Wirtstier untereinander aufgeteilt und können so in relativ
friedlicher Koexistenz nebeneinander wohnen, ohne sich Konkurrenz zu machen. So hausen auf manchen Vögeln zahlreiche
Federlingsarten säuberlich getrennt, indem die eine Art auf das
Kopfgefieder spezialisiert ist, eine andere nur auf den Schwung-
federn lebt und wieder andere auf das Kleingefieder der Bauch-
oder Rückenregion oder auf den Schwanz beschränkt vorkommen (Abb. 57). Ähnlich verhalten sich auch die parasitischen
Milben der Vögel, von denen es ebenfalls jeweils spezifische Arten
und Gattungen gibt, die nur im Groß- oder Kleingefieder, in den
Federkielen, in der Nasenhöhle oder in der Lunge ihrer Wirte
leben. Auch die Läuse des Menschen besiedeln unterschiedliche
Stellen des Wirtskörpers. Die Kopflaus *(Pediculus humanus capitis)*
ist auf das Haupthaar beschränkt, die Kleiderlaus *(Pediculus
humanus corporis)* saugt an den „nackten" Körperstellen unter der
Kleidung und die Schamlaus *(Phthirus pubis)* (Abb. 32, *11*)
schließlich sitzt im Bereich der stärkeren Behaarung der Genital-
region, kann jedoch bei zahlreichem Befall auch an den ebenfalls
dickeren Haaren der Augenbrauen und Wimpern leben.

Bei Darmparasiten läßt sich eine ähnliche Aufteilung verschiedener Arten auf verschiedene Regionen feststellen. Die Spulwürmer des Menschen schmarotzen in den vorderen Abschnitten
des Dünndarmes (Jejunum), die Madenwürmer dagegen in den
hinteren und im anschließenden Dickdarm. Eine solche räumliche
Aufteilung des Wirtes kann sogar bei periodischen Ektoparasiten,
die den Wirt jeweils nur kurzfristig zum Nahrungserwerb aufsuchen, beobachtet werden. Wir hörten schon, daß die verschiedenen Arten von Kriebelmücken (Simulien) z. T. nur ganz bestimmte Regionen des Wirtskörpers anfliegen (s. S. 70), um dort
Blut zu saugen. Aber nicht nur durch räumliche Aufteilung des
Wirtes läßt sich Konkurrenz vermeiden, auch zeitlich können sich
periodische Schmarotzer aus dem Wege gehen. So suchen die

Stechmücken (Culiciden) ihre Wirte vor allem nachts zum Blutsaugen auf, während die Kriebelmücken und Bremsen in derselben
Absicht am Tage kommen. Schließlich können Parasiten zwar
nebeneinander im selben Wirtstier sitzen, jedoch auf verschiedene

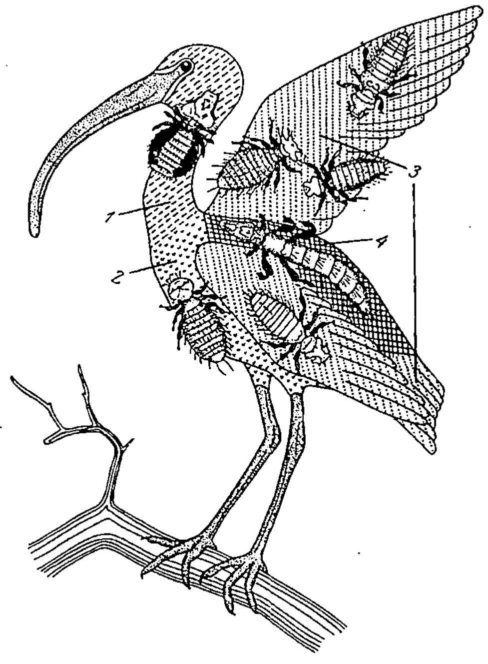

Abb. 57. Verschiedene Federlingsarten sind auf jeweils bestimmte Gefieder-
regionen ihres Wirtes spezialisiert, so beim Ibis die Federlinge der Gattungen:
1. *Ibidoecus*, 2. *Menopon*, 3. *Colpocephalum* und *Ferribia*, 4. *Esthiopterum*. (Nach
DUBININ aus DOGIEL 1963). Parasiten im Verhältnis zum Wirt stark vergrößert
dargestellt

Nahrung spezialisiert sein und dadurch der Konkurrenz wenigstens in diesem Bereich entgehen. Der Hakenwurm *(Ancylostoma)*
und der Spulwurm *(Ascaris)* können beim Menschen im selben
Darmabschnitt leben, denn der erstere weidet mit seinem stark
bezahnten Maul die Zotten der Darmwand ab und nährt sich von
Blut, während letzterer im Darmlumen haust und Darminhalt zu
sich nimmt. Auch Haarlinge und Läuse können im Fell eines

Säugetieres zusammen leben und machen sich wenigstens im Hinblick auf die Ernährung keine Konkurrenz, da die Haarlinge (Mallophaga) Hornsubstanz der Haare und Hautabsonderungen ihrer Wirte fressen, während die Läuse die Haut anstechen und Blut saugen.

Härteste Formen nimmt dagegen die Konkurrenz zwischen zwei Parasitenarten an, wenn sie sich gegenseitig direkt angreifen und vernichten. So sitzen in den Federkielenden von Vögeln Vertreter

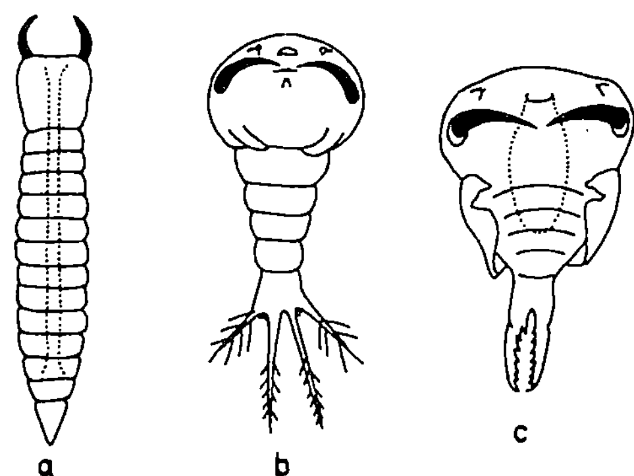

Abb. 58. Die ersten Larvenstadien mancher parasitischen Hautflügler besitzen kräftige Kiefer (schwarz gezeichnet), mit denen sie Konkurrenten töten können. a *Dinocampus coccinellae*, b *Platygaster*, c *Inostemma*. (Nach verschiedenen Autoren aus SALT 1961: Symp. Soc. Exper. Biol. 15, Cambridge University Press)

zweier Milbengattungen, nämlich *Syringophilus* und *Syringobia*. Kommen sie sich auf demselben Wirtsindividuum ins Gehege, so machen die *Syringophilus*-Arten kurzen Prozeß und fressen ihre Konkurrenten aus der Gattung *Syringobia* einfach auf. Auch bei den parasitischen Hautflüglern, so bei den Schlupfwespen (Ichneumoniden), Brackwespen (Braconiden) und anderen kann der Konkurrent im selben Wirtstier totgebissen werden. Das 1. Larvenstadium dieser, in verschiedenen Insekten schmarotzenden Hautflügler besitzt nämlich auffallend starke haken- und dolchförmige Kiefer (Mandibeln), die wie geschaffen scheinen, einen Konkurrenten totzubeißen (Abb. 58). In der Tat hat man schon wiederholt solche Parasitenlarven beobachtet, die an anderen parasitischen Insektenlarven im selben Wirtstier festgebissen waren. Mit der ersten Häutung im Wirt werden diese „Mordwaffen" abgeworfen und durch unscheinbare Kiefer ersetzt, scheinen also speziell dafür entwickelt zu sein, nach dem Schlüpfen der Larve im Wirt zunächst einmal mit der etwa schon vorhandenen Konkurrenz aufzuräumen.

Diese wenigen Beispiele zeigen bereits, daß es in oder auf einem Wirtstier keineswegs friedlich zuzugehen braucht und daß die Schmarotzer sich nicht nur mit den Abwehrreaktionen ihres Wirtes, sondern auch mit Angriffen anderer Parasiten auseinanderzusetzen haben. Daß darüber hinaus manche Schmarotzer sogar spezielle Feinde haben, soll uns das folgende Kapitel zeigen.

X. Feinde der Parasiten

Der Wirt bietet dem Schmarotzer nicht nur Nahrung sondern auch „Unterkunft", sagten wir, und wiesen darauf hin, daß der Parasit dadurch den Außeneinflüssen und damit auch eventuellen Feinden weitgehend entzogen ist. Das gilt jedoch nicht allgemein, gibt es doch mehrere räuberische Tierarten, die sich z. T. sogar darauf spezialisiert haben, bestimmten Parasiten nachzustellen, um sie zu fressen. Davon soll nun die Rede sein.

a) Freilebende Stadien sind in Gefahr

Am meisten haben natürlich die freilebenden Stadien der Schmarotzer unter Feinden zu leiten, müssen sie doch in dieser Phase ihrer Entwicklung auf den Schutz, den ihnen ansonsten der Wirt bietet, verzichten und sind gewissermaßen „obdachlos". So leben in Vogelnestern z. B. nicht selten Käfer aus der Familie der Kurzflügler (Staphylinidae) und Stutzkäfer (Histeridae), die die freilebenden Larvenstadien der Flöhe, aber auch ausgewachsene Exemplare fressen. Auf die Antarktis beschränkt ist eine den Raubmöwen verwandte Vogelart, der sogenannte Scheidenschnabel *(Chionis alba)*, dessen Nahrung zu gewissen Zeiten des Jahres großteils aus den von den zahlreichen Pinguinen mit dem Kot abgehenden Körpergliedern von Bandwürmern besteht, die die Scheidenschnäbel aufpicken. Um freilebende Stadien von Saugwürmern beim Einbohren (die Miracidienlarven) oder beim Auswandern (die Cercarien) in bzw. aus dem Schneckenzwischenwirt

(s. S. 20) zu erbeuten, hat ein kleiner Borstenwurm unserer Gewässer, *Chaetogaster limnaei* gar sein Domizil auf Wasserschnecken (*Limnaea* u. a.) aufgeschlagen. Dieser nur wenige Millimeter messende und mit einem weiten Maul ausgestattete Räuber findet sich oft in großer Zahl auf dem Körper solcher Schnecken, wo er sich

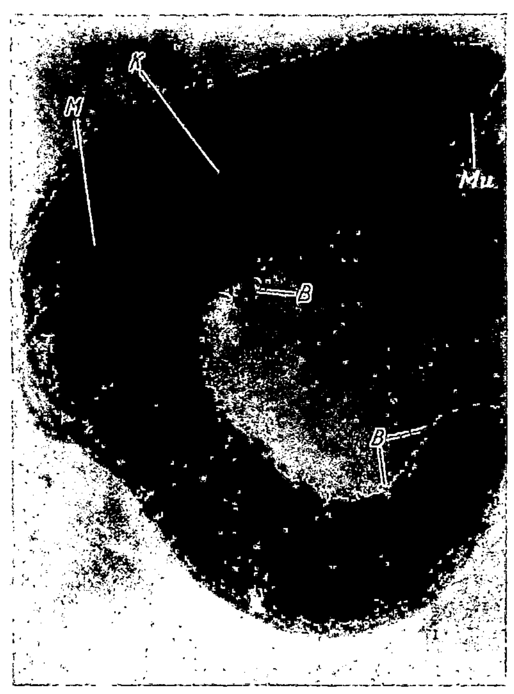

Abb. 59a. Seitenansicht des Wurmes *Chaetogaster limnaei*. Auf der Bauchseite die Borstenfächer, mit denen er sich auf der Schneckenhaut festhält. (Original)
Mu = Mund, *K* = Kropf, *M* = Magen, *Bo* = Borsten

mit seinen an der Bauchseite angeordneten Hakenborsten festhält und egelartig herumkriecht (Abb. 59a u. b). In seinem Darm findet man neben kleinen Rädertierchen, Wasserflöhen und Algen, die an der schleimigen Schneckenhaut hängen bleiben und von dem Wurm gefressen werden, nicht selten Miracidienlarven und vor allem Cercarien von Saugwürmern (Trematoden) (Abb. 59c). Erstere werden beim Versuch, in die Schnecke einzudringen, letztere

beim Verlassen des Zwischenwirtes eine Beute des gefräßigen
Räubers. Eine wie große Rolle diese Kost für *Chaetogaster* spielt,
erhellt daraus, daß er sich vor allem und besonders zahlreich auf
Schlammschnecken findet, die mit Entwicklungsstadien von Saugwürmern befallen sind.

Dieses Beispiel leitet bereits zu solchen „Räubern" über, die
nicht nur freilebende Stadien von Schmarotzern fressen, sondern

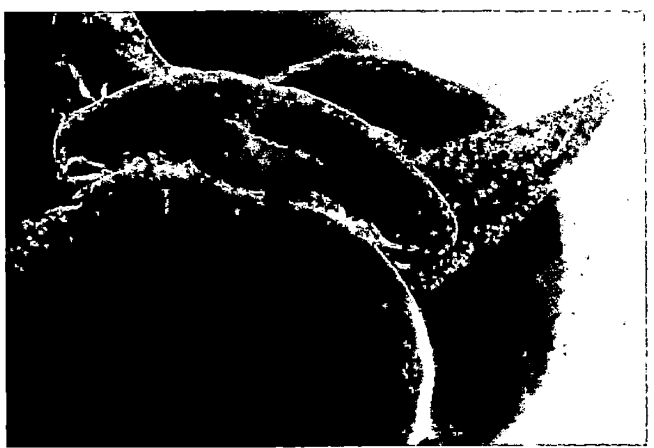

Abb. 59b. Der Kopf der Schlammschnecke *Limnaea*. In der Falte unter der
Mundöffnung und an der Basis der Fühler sitzen zahlreiche Exemplare von
Chaetogaster limnaei. (Original)

ein anderes Tier aufsuchen, um seine Außenschmarotzer zu erbeuten. Am bekanntesten sind hier wohl bestimmte Vogelarten,
die regelmäßig vor allem große Säugetiere anfliegen, um auf diesen
Jagd nach ektoparasitischen Zecken und Dasselfliegenmaden zu
machen, die sie selbst aus der Haut des Wirtes „herausoperieren".
Diese Tätigkeit ist für viele Vogelarten so charakteristisch, daß
sogar ihre Vulgärnamen darauf Bezug nehmen. In Afrika sind es
die zu den Staren gehörenden „Madenhacker" *(Buphagus)*, die auf
Nashörnern, Giraffen, Antilopen, Zebras und anderen herum-
klettern, in Amerika gibt es die „tickbirds" (= „Zeckenvögel")
und „Cowbirds" (= Kuhvögel) aus der Gruppe der Kuckucke
(Crotophagus) und Stärlinge *(Molothrus)*, die auf Ektoparasiten
aus sind. Ein kleiner, außerhalb der Brutzeit auf dem Meer lebender Regenpfeifervogel, der Wassertreter *(Phalaropus lobatus)*, soll

sogar den Herden der Wale folgen, um diesen Riesen des Meeres, wenn sie an der Wasseroberfläche ruhen, die ektoparasitischen Krebse (s. S. 149) abzulesen.

Die erstaunlichsten Verhältnisse in dieser Beziehung herrschen jedoch bei den Fischen.

b) Die „Putzsymbiosen" der Fische

Fische haben relativ stark unter Außenschmarotzern zu leiden. Neben den monogenen Saugwürmern (s. S. 26), sind es vor allem Krebse, die in zahlreichen Arten auf den Kiemen und der Haut sitzen. Da Fische sich mit ihren Flossen nicht kratzen können und auch mit dem Maul ihren Körper nicht erreichen, sind sie in einer mißlichen Lage und können gegen ihre Außenschmarotzer nur wenig unternehmen. Lediglich durch

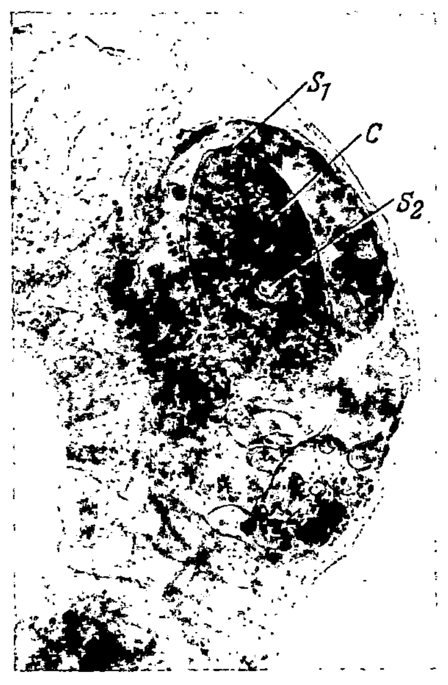

Abb. 59c. Im Magen des durchsichtigen *Chaetogaster limnaei* kann man deutlich die Cercarienlarve eines Saugwurmes erkennen, die dem Räuber zur Beute wurde. (Original)

Scheuerbewegungen an Steinen oder Korallen können sie versuchen, ihr Ungeziefer los zu werden. Seit der Mensch gelernt hat, mit Tauchmaske und Flossen in die Welt der Meeresfische hinabzusteigen und sie so in ihrem Element beobachten kann, zeigt sich immer häufiger, daß es besonders in tropischen Meeren, aber auch im Mittelmeer, Fische gibt, die anderen mit dem Maul die Schmarotzer ablesen, um sie zu fressen. Manche Arten, wie z. B. der im indischen Ozean lebende Lippfisch *Labroides dimidiatus*, sind sogar weitestgehend auf diese Art des Nahrungserwerbes spezialisiert. Das Besondere an diesen Putzervergesellschaftungen ist nun, daß es durch bestimmte Bewegungen und Verhaltensweisen zwischen dem von Schmarotzern befallenen „Putzgast" und dem

„Putzerfisch" zu einer Art Verständigung kommt. So kann der Putzer z. B. durch besondere „tanzende" Schwimmbewegungen einen anderen Fisch auffordern, sich putzen zu lassen und schön still zu halten, wie es z. B. gerade von *Labroides dimidiatus* (Abb. 28) bekannt ist. Häufig fordern jedoch auch die Putzgäste ihre Putzerfische auf, endlich mit dem „Ablausen" zu beginnen. Dazu stellen sich manche Fische mit dem Kopf nach oben gerichtet oder umgekehrt steil ins Wasser und verbleiben in dieser Lage regungslos,

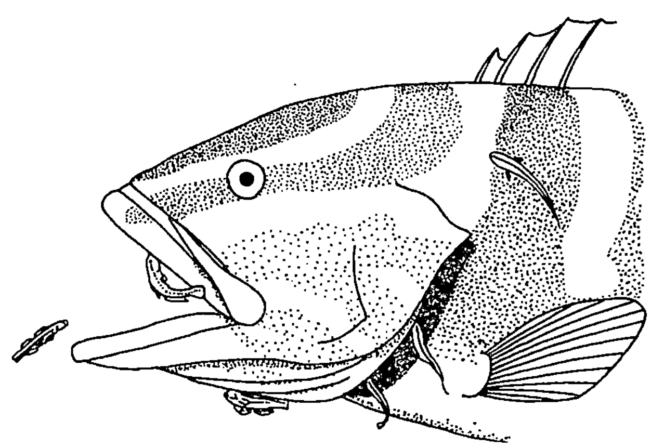

Abb. 60. Ein großer Zackenbarsch *(Epinephelus striatus)* läßt sich von mehreren kleinen Meergrundeln *(Elacatinus oceanops)* putzen, wobei ihm die Putzer ins geöffnete Maul und unter den abgespreizten Kiemendeckel schlüpfen. (Nach Eibl-Eibesfeldt aus Ladiges: Tropische Meeresfische, Stuttgart: Kernen Verlag, 1956)

bis der Putzerfisch mit seiner „Arbeit" fertig ist. Selbst Raubfische gehören zu den Putzgästen und tun ihren Putzerfischen nichts zuleide. Eine kleine Meergrundel *(Elacatinus oceanops)* z. B. schwimmt beim Putzen größeren Raubfischen sogar ins bereitwillig geöffnete Maul und über die abgespreizten Kiemendeckel wieder heraus und kann auf diese Weise auch die Kiemen und die Mundhöhle von Schmarotzern reinigen (Abb. 60). Der Raubfisch, der während des Putzvorganges sich ruhig verhält, kündigt durch plötzliches, aber nicht völliges Schließen des Maules den Putzern sogar an, wenn er genug hat, worauf ihn die putzenden Grundeln schleunigst verlassen. Eine wie große Rolle diese Art der Parasitenabwehr für die befallenen Fische spielt, erhellt daraus,

daß stellenweise mehrere Putzgäste vor einem mit Putzerfischen
besetzten Korallenstock geradezu „Schlange stehen", um sich der
Reihe nach „behandeln" zu lassen. Bei einer Dauerbeobachtung
an einem Riff konnte festgestellt werden, daß ein einziger Putzerfisch in 6 Stunden 300 Kunden absuchte. Zwischen Putzgast

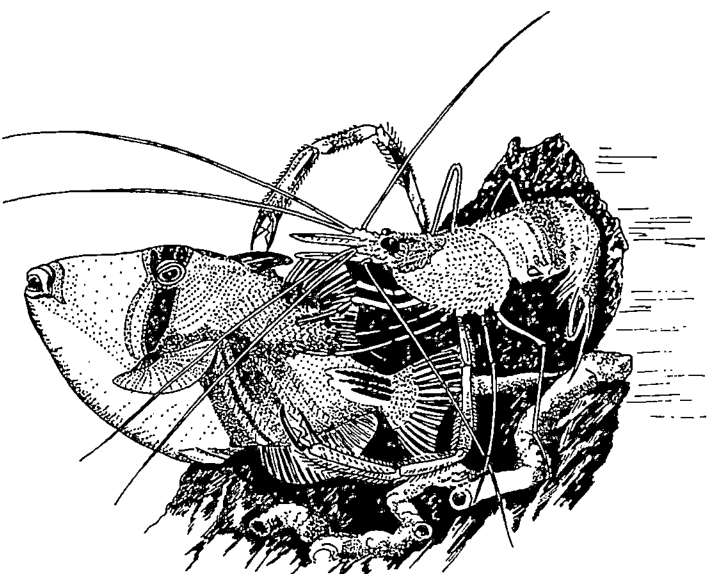

Abb. 61. Die tropische Garnele *Stenopus hispidus* sucht einen Picassofisch *(Bali-
stapus aculeatus)* nach Hautparasiten ab. (Nach Beobachtungen von GROBE (1960)
(aus: Werkzeuge der Verdauung, C. H. Boehringer Sohn, Ingelheim a. Rh.)

und Putzer bestehen hier also recht innige Beziehungen zum
gegenseitigen Nutzen — der eine wird seine Schmarotzer los, der
andere ernährt sich davon — so daß man hier mit Recht von
Putzsymbiose spricht. Man kennt heute bereits eine größere Anzahl von Fischarten aus verschiedenen Familien, die sich als Putzer
betätigen. Aber auch Krebse, vor allem Garnelen, sind als Putzer
beobachtet worden. Sie sind oft auffallend gefärbt und setzen sich
frei auf Korallenstöcke, wodurch die Fische auf sie aufmerksam
werden. Im Aquarium ist beobachtet worden, wie sich Preußen-
fische und Picassofische einer solchen Putzergarnele *(Stenopus hispidus)* rückwärtsschwimmend, also mit dem Schwanz voran, näherten,

worauf ihnen der Krebs mit seinen kleinen Scheren, wie mit einer Pinzette, die Parasiten von der Haut nahm (Abb. 61). Durch das Rückwärtsschwimmen tun die Fische der Garnele offensichtlich kund, daß sie nicht in der Absicht, sie zu fressen, auf sie zukommen.

c) Der Feind auf dem Wirt

Den höchsten Grad der Anpassung haben schließlich räuberische Tiere erfahren, die ihr ganzes Leben auf oder in einem Wirtstier verbringen, jedoch dort nicht schmarotzen, sondern Jagd auf bestimmte Parasiten machen. Von dem kleinen Borstenwurm, der auf Wasserschnecken Jagd nach Saugwurmlarven macht, haben wir schon gesprochen (s. S. 109). Im Gefieder vieler Vögel leben Milbenarten aus der Familie Cheyletidae, die sich von parasitischen Federmilben (z. B. Analgesiden) ernähren, aber auch die Eier der Federlinge (Mallophagen) nicht verschmähen. Im Hinblick auf ihre Ernährung sind diese Milben also reine Räuber. Selbst in das Innere von Wirtstieren sind manche Räuber vorgedrungen, um sich bestimmte Entoparasiten als Nahrungsquelle zugänglich zu machen. Wir sprachen schon davon, daß im Darmtrakt vieler Huftiere eine reiche Fauna von Wimpertierchen aus der Gruppe der Entodiniomorpha lebt (s. S. 24). Freilebende Wimpertierchen in unseren Gewässern und Tümpeln, wie z. B. das allbekannte Pantoffeltierchen *(Paramecium)*, werden

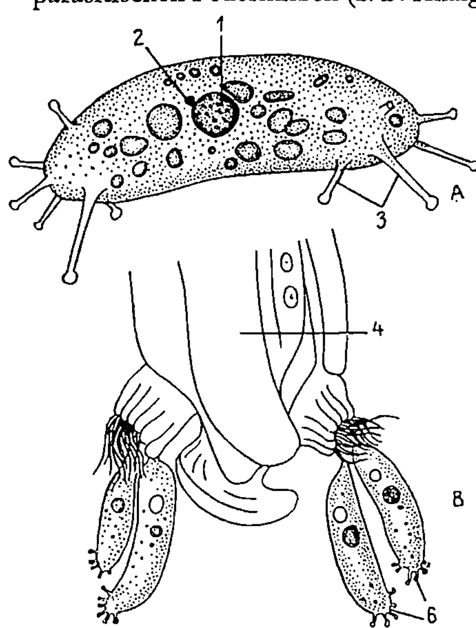

Abb. 62. Das kleine Sauginfusor *Allantosoma* (*A*) lebt im Dickdarm des Pferdes und fällt die dort zahlreich vorkommenden Wimpertierchen an, an deren Körper (*B 4*) sich oft mehrere (*B 6*) mit ihren Saugröhrchen (*A 3*) festsaugen. *1* und *2* die beiden Zellkerne von *Allantosoma*. (Aus DOGIEL 1963)

nicht selten die Beute von einzelligen Sauginfusorien (Suctoria),
die auf Wasserpflanzen sitzen. Sie sind mit Saugröhren versehen,
mit deren Hilfe sie ihre Beutetiere aussaugen. Eine Form dieser
Suctorien, die Gattung *Allantosoma*, findet sich nun im Dickdarm-
inhalt von Pferden und ernährt sich von den dort in großer Zahl

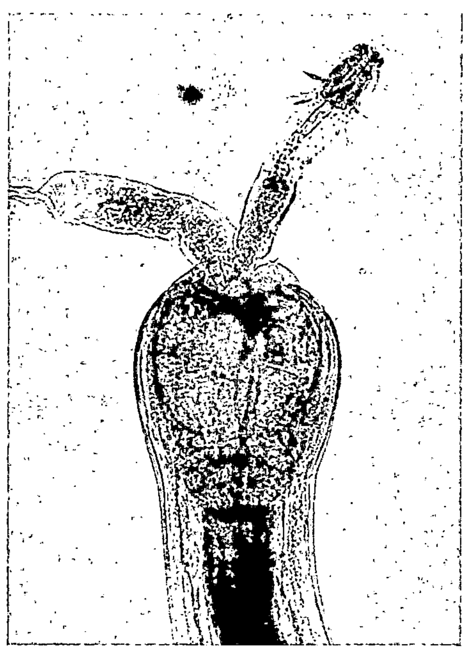

Abb. 63. Kopf und Vorderende eines räuberischen Fadenwurms *(Rhigonema-
tide)*, der im Enddarm tropischer Tausendfüßer lebt und dort schmarotzende
Fadenwürmer (hier gerade einen der Gattung *Heth*) mit seinem stark bezahnten
Maul fängt und verschlingt. (Original)

lebenden Wimpertierchen (Abb. 62). Hier ist der Räuber seiner
Beute gewissermaßen bis in den Darm eines Wirtstieres gefolgt.
In jüngster Zeit ist auch ein räuberischer Fadenwurm bekannt geworden, der im Enddarm tropischer Tausendfüßer lebt. Dort kommen zahlreiche weitere Fadenwürmer aus der Gruppe der Oxyuriden vor und von ihnen ernährt sich der Räuber. Er ergreift
sie mit seinem mit mächtigen Scherenzähnen ausgerüsteten Maul
und verschlingt sie (Abb. 63).

Diese wenigen Beispiele mögen zeigen, daß das Leben in einem
Wirt keineswegs dem im Schlaraffenland gleichkommt, daß der
Parasit vielmehr mit den Abwehrmaßnahmen seines Wirtes fertig
werden und sich der Konkurrenz anderer Schmarotzer erwehren
muß und schließlich mit räuberischen Feinden zu rechnen hat, die
ihm nachstellen.

XI. Aus der Stammesgeschichte der Parasiten

Betrachten wir die heute lebenden Schmarotzer in ihrem Bau
und ihrer Lebensweise, so stellen wir fest, daß sie in vielen Eigenschaften geradezu erstaunliche Anpassung an den Parasitismus
zeigen, von denen wir eine Reihe schon kennengelernt haben. Auf
dem Boden der Abstammungslehre stehend, wissen wir, daß alle
Organismen eine viele Millionen Jahre während Geschichte hinter sich haben, in der sie sich veränderten, in der sie durch erbliche
Variabilität und natürliche Auslese in der Auseinandersetzung mit
ihrer Umwelt diese ihre Anpassungen Schritt für Schritt in der
Folge zahlreicher Generationen erworben haben. Das gilt selbstverständlich auch für die Schmarotzer. Im folgenden wollen wir
sehen, was sich über deren stammesgeschichtliche Entwicklung
aussagen läßt.

a) Versteinerte Parasiten

Die einzigen direkten Zeugen aus der Vergangenheit der Organismen sind Versteinerungen, Fossilien, die uns wenigstens in den
erhalten gebliebenen Teilen ein Bild von der Gestalt inzwischen
ausgestorbener Formen vermitteln und uns darüber hinaus etwas
über das „Alter" der betreffenden Art aussagen. Leider kann der
Parasitologe von dieser Möglichkeit nur sehr wenig Gebrauch
machen, da es versteinerte Schmarotzer nur in verschwindend geringer Zahl gibt, was angesichts ihrer Kleinheit, Hinfälligkeit und
Lebensweise nicht verwunderlich ist. Dennoch hat ein glücklicher
Zufall zur fossilen Erhaltung wenigstens einiger Parasiten geführt,
die zwar nichts über den Formenwandel ihrer Gruppe im Laufe
der Stammesgeschichte auszusagen vermögen — dazu sind es zu
wenige — jedoch uns etwas über das hohe Alter und die Wirtsspezifität der betreffenden Schmarotzergruppe verraten. Um welche

Parasiten handelt es sich da? Bei den ältesten, die wir kennen, leider um weniger populäre Formen, nämlich um Myzostomiden (s. S. 30, Abb. 64) und ektoparasitische Schnecken (Abb. 24). An den Armen versteinerter Haarsterne (Crinoidea) aus der Silur- und Devonzeit der Erdgeschichte fand man vereinzelt gallenartige Auftreibungen, die frappierend solchen gleichen, die bei heute lebenden Haarsternen gefunden werden. Von diesen wissen wir, daß sie von parasitischen Borstenwürmern, eben von Myzostomiden hervorgerufen werden, was den Schluß erlaubt, daß diese Parasiten bereits seit dem Erdaltertum, also seit etwa 350 Millionen Jahren, Haarsterne als Wirte benutzen. Dasselbe gilt auch für ektoparasitische Schnecken, von denen man ebenfalls fossile Gehäuse (Gattung *Platyceras*) angeheftet an den Körper von Schlangensternen bereits aus dem Devon kennt. Auch hier leben nahe verwandte Schneckenarten (Gattung *Thyca*) noch heute auf Wir

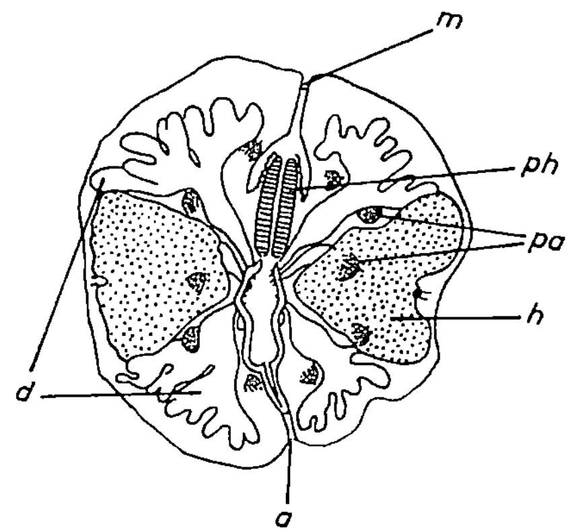

Abb. 64. Unterseite eines Myzostomiden *(Cystimyzostomum scyticolum)*. *m* Mundöffnung, *ph* Schlund, *pa* „Beinstummel" (Parapodien), *h* Hoden, *d* Darmblindsäcke, *a* After. (Nach Stummer-Traunfels)

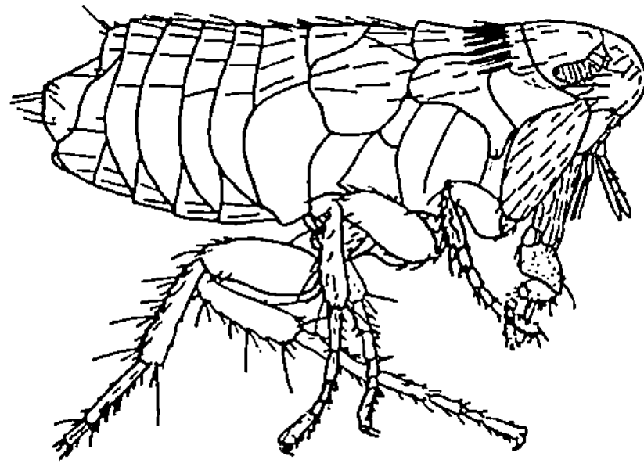

Abb. 65. Der fossile Floh *Palaeopsylla klebsiana* aus dem baltischen Bernstein. (Aus Baer 1952)

ten aus der Gruppe der Haarsterne. Weit bekannter sind schließlich fossile Parasiten, die uns im Bernstein eingeschlossen erhalten blieben. Wenigstens zwei Insekten wollen wir nennen. Da kennt man zum einen in sehr gutem Erhaltungszustand den Floh *Palaeopsylla klebsiana* (Abb. 65), der durchaus „modern" wirkt, ja dessen nächste Verwandte heute noch auf Spitzmäusen und Maulwürfen leben und in dieselbe Gattung gestellt werden können. Zum anderen hat man Läuseeier, sogenannte Nissen, angeheftet an die Haare (Abb. 39) eines Säugetieres, im Bernstein erhalten gefunden. Vor 35 bis 40 Millionen Jahren, zu dieser Zeit wuchs der „Bernsteinwald", in dessen Harztropfen sich die genannten Stücke verfingen, wurden demnach die damals lebenden Säugetiere schon ebenso von Flöhen und Läusen geplagt, wie ihre Nachfahren heute.

Diese wenigen Beispiele mögen demonstrieren, daß der Parasitismus bei vielen Gruppen erdgeschichtlich sehr alt ist, die Schmarotzer also ihre Wirte auf weiten Strecken ihrer stammesgeschichtlichen Entwicklung begleitet haben. Wir werden auf die Konsequenzen dieses Tatbestandes in anderem Zusammenhang noch zu sprechen kommen und dabei auch weitere, indirekte Methoden kennenlernen, mit deren Hilfe sich etwas über das stammesgeschichtliche Alter auch fossil nicht erhaltener Schmarotzer aussagen läßt. Vorher wollen wir uns jedoch der Frage zuwenden, wie Parasitismus wohl entstanden sein mag.

b) Die Entstehung des Parasitismus

Das Schmarotzertum ist eine abgeleitete Lebensweise; alle Parasitengruppen, die wir kennen, stammen nämlich von freilebenden, also *nicht* parasitischen Vorfahren ab. Irgendwann in der Stammesgeschichte dieser Formen muß sich demnach der Übergang zum Parasitismus vollzogen haben, muß es zu dieser einschneidenden Änderung in der Lebensweise gekommen sein. Wie wir wissen, gibt es Schmarotzer in den verschiedensten Gruppen des Tierreichs, so daß sich dieser Vorgang mehrfach unabhängig und sicher auch zu verschiedenen Zeiten der Erdgeschichte abgespielt haben muß. Selbst innerhalb engerer Verwandtschaftsgruppen, wie beispielsweise bei den Insekten, sind die Flöhe, parasitischen Wanzen und Läuse sicher aus verschiedenen freilebenden Formen hervorgegangen. Die Frage nach der Entstehung des Parasitismus läßt sich daher nicht schlechthin allgemein, sondern jeweils nur für bestimmte, eng umrissene Verwandtschaftsgruppen stellen. Wir kennen keine fossilen Schmarotzer, die uns als Übergangsformen etwas von diesem Schritt demonstrieren können, zumal es bei dieser Frage im wesentlichen um ökologische, die Lebensweise betreffende Dinge geht, für die versteinerte Zeugnisse kaum zu erwarten sind. Man wird daher dieses Problem am erfolgversprechendsten bei solchen Tiergruppen angehen können, die neben rein parasitischen Vertretern auch freilebende umfassen; deren Umweltsansprüche und Anpassungen kann man untersuchen, in der Hoffnung, hierbei auch auf Formen zu stoßen, die wenigstens „Modelle" für die Ausgangsbasis der Parasiten abgeben können.

1. Die Voraussetzungen

Die Bedingungen, die eine freilebende Art erfüllen muß, wenn sie zum Ausgangspunkt der Entwicklung einer parasitischen Gruppe werden soll, sind verschieden. So ist es *relativ* (!) leicht, sich vorzustellen, daß räuberisch lebende oder gar Pflanzensäfte saugende Wanzen im Laufe ihrer Stammesgeschichte dazu übergegangen sind, größeren Tieren Blut abzuzapfen, ohne sie dabei zu töten und dadurch ektoparasitischen Gruppen den Ursprung gaben. Auch der Schritt von den kleinen, ungeflügelten, in Spalten und Genist von Detritus lebenden Staubläusen (Psociden) zu Ektoparasiten, etwa im Federkleid der Vögel, ist nicht all zu groß. In der Tat scheinen die Federlinge (Mallophagen) sich aus den Staubläusen entwickelt zu haben. Wesentlich schwieriger dürfte es für ein freilebendes Tier sein, zum Binnenschmarotzer, etwa im Darmtrakt eines Wirbeltieres zu werden, herrschen dort doch wesentlich andere Milieuverhältnisse, die es zu tolerieren gilt. Dort gibt es fast keinen Sauerstoff für die Atmung (s. S. 80) und kein Licht, dort treten eiweißspaltende Fermente auf und erzeugen bei der Verdauung Eiweißabbauprodukte, die toxisch wirken können. So es sich um den Darmtrakt eines Warmblüters handelt, herrschen in ihm ständig Temperaturen um 37°C, was für viele freilebende Tiere auf die Dauer schädlich ist. Freilebende Organismen, denen der erste Schritt auf dem Weg zum Darmschmarotzer gelingen soll, müssen mit all diesen Bedingungen fertig werden, sollen sie nicht gleich beim „ersten Versuch" scheitern. Damit jedoch nicht genug. Wenn es gelungen ist, im Darm eines Wirtes leben zu können, dann muß der werdende Parasit auch in der Zukunft Chancen haben, Generation für Generation wieder in ein neues Wirtstier zu gelangen und das ist, wie wir gesehen haben, nicht leicht. Wir wissen bereits, daß fertige Parasiten das damit verbundene Risiko durch eine enorme Produktion von Nachkommen kompensieren. Außerdem sind bei diesen in Form widerstandsfähiger Eier, Cysten oder Larven Dauerstadien entwickelt, die u. U. lange Zeit ohne einen Wirt im Freien überdauern können, bis ihnen das „Glück" hold ist. Ein werdender Darmschmarotzer muß zumindest Ansätze zu einer Entwicklung auch solcher Anpassungen an den Parasitismus bereits besitzen, wenn er nicht schon auf den ersten Etappen seines Weges zum Binnenschmarotzer scheitern soll. All das besagt somit, daß ein freilebendes Tier schon eine Fülle von Voraussetzungen erfüllen muß, das heißt zahlreiche „Vorausanpassungen" an den Parasitismus besitzen muß, um den Schritt zum Schmarotzertum erfolgreich durchführen zu können. Solche Vorausanpassungen oder „Praeadaptationen" an noch nicht genutzte Lebensweisen oder noch nicht eroberte Umwelten spielen in der Stammesgeschichte der Organismen ganz allgemein eine große Rolle. Als in der Devonzeit die Fischgruppe der Quastenflosser (Crossopterygier) sich anschickte, das damals von Wirbeltieren noch nicht besiedelte Land zu erobern und damit die stammesgeschichtliche Entwicklung der Lurche einzuleiten, benötigten auch sie Praeadaptationen an das Landleben. In der Tat besaßen diese in flachen sauerstoffarmen Gewässern lebenden Fische schon Lungen, die es ihnen erlaubten Luft-Sauerstoff zu atmen und Extremitäten, mit denen sie sich wenigstens recht und schlecht auch auf dem Lande fortbewegen konnten, um einen neuen Tümpel aufzusuchen, wenn ihr Wohngewässer auszutrocknen drohte. Damit besaßen die Quastenflosser schon wesentliche Voraussetzungen für ein Leben auf dem Trocknen.

2. Der Weg zum Parasitismus am Beispiel der Fadenwürmer

Freilebende Tiere müssen also bestimmte Voraussetzungen mitbringen, die eine Plattform für den Schritt zur parasitischen Lebensweise abgeben. Wie mag diese „Plattform" z. B. bei den im Darm lebenden Würmern ausgesehen haben? Dazu gehören die Bandwürmer, Saugwürmer und Kratzer, die für eine diesbezügliche Untersuchung wenig geeignet sind, kennen wir aus diesen Gruppen doch nur höchst spezialisierte Schmarotzer, über deren

Ableitung von freilebenden Formen wir uns nur recht grobe Vorstellung machen können. Anders steht es in dieser Beziehung bei den Fadenwürmern (Nematoden). Hier gibt es neben einer großen Zahl z. T. hochentwickelter Parasiten, auch noch recht primitive Schmarotzer und vor allem auch freilebende Arten in den verschiedensten Lebensräumen. Diese freilebenden Nematoden messen meist nur in Millimetern und finden sich sowohl im Meer, als auch im Süßwasser und auf dem Lande, oft in ungeheurer Individuenzahl. Selbst extremen Lebensstätten fehlen sie nicht, findet man bestimmte Arten doch selbst in der Tiefsee, in heißen Quellen und im Bereich der Schneegrenze. Sogar im Speiseessig vermag das sogenannte Essigälchen *(Turbatrix aceti)* zu leben. Aus der Fülle der von freilebenden Nematoden besiedelten Lebensräumen ist für unsere Fragestellung jedoch einer von besonderer Bedeutung, das ist das saprobe Substrat. Darunter versteht man organische Substanz, die sich in Zersetzung befindet, wie tierische Kadaver und Exkremente oder verrottendes Pflanzenmaterial. In solchen Substraten tritt eine reiche Bakterienflora auf, sie ist es ja, die die Abbauvorgänge bedingt. Da viele freilebende Fadenwürmer Bakterienfresser sind, üben solche Substrate auf sie natürlich eine beträchtliche Anziehung aus, bieten sie doch reichlich Nahrung. In anderer Beziehung herrschen in saproben Substraten jedoch recht ungünstige Bedingungen. Auf dem Höhepunkt der Zersetzungsvorgänge wird nämlich im Inneren solcher Substrate der Sauerstoff knapp und es treten reichlich Bakterienfermente auf, durch deren Tätigkeit Eiweißabbauprodukte entstehen. Auch die Temperatur kann beträchtlich ansteigen, ein Phaenomen, das vom Komposthaufen her allgemein bekannt ist. Wir finden also in saproben Substraten eine Reihe von physikalischen und chemischen Faktoren, die den oben genannten, im Darmtrakt eines Wirbeltieres herrschenden, gleichen. Nematoden, die in solchen Substanzen leben, müssen mit diesen Faktoren fertig werden, d. h. entsprechende „Anpassungen" besitzen. Die Ähnlichkeiten gehen jedoch noch weiter. Saprobe Substrate existieren immer nur relativ kurze Zeit, dann sind sie völlig zersetzt und bieten den Fadenwürmern keine Lebensmöglichkeit mehr. Die Tiere stehen dann vor der Aufgabe, neue entsprechende Substrate zu finden, was bei der Kleinheit dieser Würmer und ihrem dadurch

bedingten geringen Aktionsradius nicht leicht ist, denn das nächste
Stück Aas oder die nächsten Exkremente können weit entfernt
sein. Es treten in dieser Beziehung ähnliche Probleme auf, wie bei
einem Parasiten, der ein neues Wirtstier „finden" muß. Auch hierfür haben die saprobionten (= in saproben Substraten lebenden)
Nematoden besondere Anpassungen entwickelt. Zunächst produzieren sie im Vergleich zu den in reiner Erde, im Meer oder im
Süßwasser lebenden Arten auffallend viele Nachkommen und
kompensieren so das Risiko, das ihre spezialisierte Lebensweise
mit sich bringt. Weiter haben diese Würmer besondere Dauerstadien entwickelt, mit denen sie ungünstigen Umweltbedingungen und auch Nahrungsmangel widerstehen können. Als Dauer-
stadium ist dabei von den verschiedensten saprobionten Arten
übereinstimmend ein bestimmtes Larvenstadium ausgebildet worden. Die Entwicklung der Fadenwürmer verläuft allgemein über
4 Larvenstadien, die jeweils durch Häutungen auseinander hervorgehen, ähnlich wie das bei einer Schmetterlingsraupe der Fall ist.
Das 4. Larvenstadium wandelt sich dann durch eine letzte Häutung in den geschlechtsreifen Wurm um. Als „Dauerlarve" ist
nun in allen Fällen das 3. Larvenstadium entwickelt, das dadurch
ausgezeichnet ist, daß es in einer zusätzlichen Hülle steckt, von
der es wie von einem Futteral umgeben ist. Diese Hülle ist die
alte Haut der Larve 2, die bei der Häutung zwar vom Körper ab-
gehoben, aber nicht abgestreift wird und so um die Drittlarve
erhalten bleibt. Solche Dauerlarven werden gebildet, sobald das
bewohnte Substrat keine zusagenden Bedingungen mehr bietet.
Damit nicht genug, haben viele saprobionte Fadenwürmer noch
ein besonderes Verhalten entwickelt, das ihnen hilft, leichter in
ein frisches Substrat zu gelangen. Sie nutzen dazu andere Tiere
aus, um sich von ihnen transportieren zu lassen. Nematoden sind
ja nicht die einzigen Tiere, die in Exkrementen oder auf Aas leben,
auch Insekten sind dort reichlich vertreten; man denke nur an
die Totengräber *(Necrophorus)* und Aaskäfer *(Silpha)* an Kadavern
und an die zahlreichen Mistkäfer *(Geotrupes, Aphodius* u. a.*)* und
Fliegen an Exkrementen. Diese Insekten haben es freilich leichter,
können sie ihr Substrat doch jederzeit verlassen und, von ihrem
Geruchsinn geleitet, fliegend ein frisches aufsuchen. Dadurch werden sie zu idealen „Flugzeugen" für die Dauerlarven der Faden-

würmer. Um leichter mit den Insekten in Kontakt zu kommen,
suchen die Dauerlarven vieler Saprobionten daher die Oberfläche
des Substrats auf, erheben
sich dort mit dem Groß-
teil des Körpers frei in die
Luft und vollführen, nur
noch mit dem Hinterende
am Untergrund haftend,
pendelnde Bewegungen
(Abb. 66). Dadurch kom-
men sie leichter mit einem
vorüberlaufenden Insekt
in Berührung. Sobald dies
geschieht, kriechen sie an
ihm hoch und suchen ge-
schützte Stellen am In-
sektenkörper auf. Man findet sie dann oft in großen
Mengen unter den Flügel-
decken oder zwischen den
Segmenten, aber auch an
den Beinen von Käfern

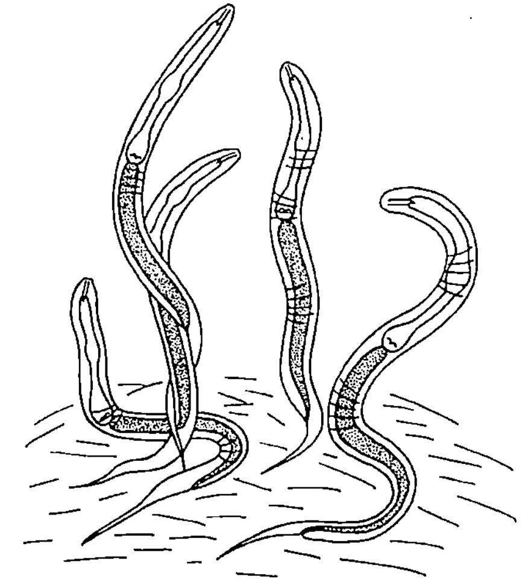

Abb. 66. Dauerlarven einer Kot bewohnenden Nematodenart *(Rhabditis)*, die sich mit
dem Vorderkörper über das Substrat erheben, um mit einem Insekt in Kontakt zu
kommen. (Original)

(Abb. 67). Manche Dauerlarven scheiden sogar ein klebriges Sekret aus der Mundöffnung ab und heften sich dadurch an ihrem

Abb. 67. Fußglieder eines Mistkäfers, an denen mehrere Dauerlarven des Kot
bewohnenden Fadenwurmes *Rhabditis coarctata* angeheftet sind. (Original)

Transportinsekt fest (Abb. 68). Derart versteckt oder angeheftet werden sie dann von den Insekten unbemerkt in neue Substrate geflogen, wo sie absteigen und ihre Entwicklung fortsetzen. Dies ist ein typisches Beispiel für Verschleppung in geeignete Lebensräume, was man als Phoresie bezeichnet und auch von einigen anderen Tiergruppen (z. B. Milben) kennt (s. S. 4, Abb. 2).

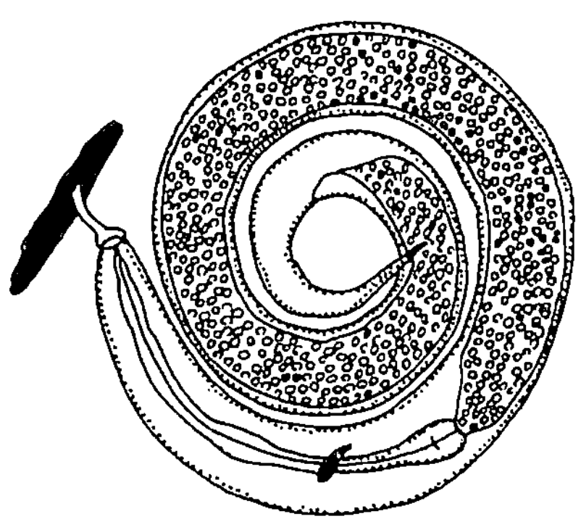

Abb. 68. Dauerlarve des Fadenwurms *Cheilobus*, die sich mit einem aus dem Mund austretenden Sekretstiel am Panzer eines Insekts festgeheftet hat. (Nach BOVIEN 1937)

Überblicken wir all diese Anpassungen der in saproben Substraten lebenden Fadenwürmer, so stellen wir fest, daß sie in ihrer Gesamtheit die wesentlichsten Voraussetzungen erfüllen, die wir als wichtig für den „ersten Schritt" zum Entoparasitismus bezeichnet haben. Durch das Phoresieverhalten kommt es sogar zu einer aktiven Kontaktaufnahme mit einem anderen Tier, was sicherlich auch eine günstige Voraussetzung für eine parasitische Lebensweise darstellt. Freilich kann man nun fragen, wie denn die saprobionten Nematoden zu dieser Fülle von Anpassungen gekommen sind. Sie müßten ja auch schon vorher gegeben sein, um ihnen ein Leben als Saprobiont zu ermöglichen. Da gibt es jedoch einen wesentlichen Unterschied. Ein werdender Parasit trifft in einem Wirtstier auf die oben genannten Bedingungen; er wird entweder damit fertig — oder er geht zugrunde. Möglichkeiten, sich im Laufe seiner Stammesgeschichte Schritt für Schritt über viele Generationen hinweg die nötigen „Grundanpassungen" zu erwerben, hat er nicht. Anders bei den Bewohnern sich zersetzender organischer Substanzen. Die für diese gekennzeichneten Extrembedingungen herrschen hier ja nur während des Höhepunktes der Zersetzung, dann schwächen sie sich mehr und mehr ab, bis das nahezu völlig abgebaute Substrat schließlich Verhältnisse bietet, die denen in der umgebenden Erde weitgehend gleichen. Reine Erdnematoden — und deren gibt es viele —

hatten also im Laufe ihrer Stammesgeschichte die Möglichkeit, zunächst nur die schon weitgehend zersetzten Substrate zu besiedeln, um sich dann „Schritt für Schritt" durch den stammesgeschichtlichen Erwerb entsprechender Anpassungen gewissermaßen immer weiter zu wagen, bis bestimmte Arten schließlich auch unter den Extrembedingungen der stürmischen Zersetzung leben konnten. Daß es in der Tat in dieser Beziehung unterschiedlich angepaßte Formen gibt, läßt sich zeigen, wenn man die Nematodenbesiedlung etwa tierischer Exkremente über die gesamte Zersetzungsperiode hinweg verfolgt. Man sieht dann, daß sich verschiedene Fadenwurmarten in einer Sukzession zeitlich ablösen, also nur ganz bestimmte während des Höhepunktes der Zersetzung sich entwickeln, während andere erst später auftreten, bis sich schließlich Formen einstellen, die auch in der Erde leben können.

Das saprobe Substrat ist also ein Lebensraum, der den schrittweisen Erwerb von Anpassungen gestattet, die gleichzeitig günstige Voraussetzungen für den Übergang zum Entoparasitismus darstellen. Da solche Substrate existieren, seit es organische Substanz auf unserer Erde gibt, können sich entsprechend lebende Fadenwürmer schon erdgeschichtlich früh entwickelt und die Ausgangsformen für die zahlreichen parasitischen Linien der Nematoden abgegeben haben. Die Voraussetzungen sind hier also gegeben, doch erhebt sich nun die Frage, ob sie auch genutzt worden sind, ob die parasitischen Fadenwürmer tatsächlich von saprobionten freilebenden Formen abstammen.

3. Reminiszenzen

Wir könnten die Frage, ob die heute lebenden parasitischen Fadenwürmer auf saprobionte Formen zurückgehen, kaum beantworten, wenn diese z. T. hoch spezialisierten Schmarotzer in Bau und Lebensweise nicht noch bestimmte Reminiszenzen zeigten, die deutlich auf ihren Ursprung hinweisen. Auch bei den Nematoden sind, ähnlich wie wir es oben für die Insekten angaben (s. S. 118), verschiedene parasitische Linien unabhängig voneinander aus freilebenden Formen hervorgegangen. Diese getrennten Linien haben es in ihren speziellen Anpassungen an die parasitische Lebensweise verschieden „weit gebracht", so daß sich einige Etappen recht gut verfolgen lassen. Relativ primitiv ist z. B. ein

in der Froschlunge lebender Fadenwurm, *Rhabdias bufonis*. Die von
dem Schmarotzer in der Lunge abgelegten Eier gelangen über
die Mundhöhle des Frosches, wo sie abgeschluckt werden, und
den Darmtrakt ins Freie und dort schlüpfen die Larven. Diese
erinnern nun sehr an freilebende Formen, indem sie sich über
vier Häutungen zu Männchen und Weibchen entwickeln, die
auf den Froschfaezes und in der Erde — also ebenso wie freilebende Nematoden — leben. Die Weibchen dieser freilebenden
Generation produzieren nun Nachkommen, die sich ebenfalls im
Freien über zwei Häutungen bis zu einer Drittlarve entwickeln,
die als Dauerlarve umgestaltet ist, ganz so, wie wir das von den
Saprobionten her kennen. Diese Dauerlarven müssen nun mit
Fröschen in Kontakt kommen, bohren sich dann durch deren
Haut in ein Blutgefäß ein und werden so mit dem Blutstrom in die
Lunge transportiert, wo sie sich aus den Kapillaren ausbohren und
im Lumen der Lunge zur parasitischen Generation entwickeln. Die
Lebensweise und der Körperbau der freilebenden Generation, die
Drittlarve als Dauerlarve, deren Kontaktaufnahme zu einem ande-
ren Tier, all das ähnelt weitestgehend den Verhältnissen, die wir
von freilebenden saprobionten Nematoden kennen.

Einen Schritt weiter gegangen sind parasitische Nematoden,
bei denen es keine freilebenden Geschlechtstiere, wohl aber noch
freilebende Larvenstadien gibt. Das ist z. B. bei dem im Menschen parasitierenden Grubenwurm *Ancylostoma duodenale* der
Fall. Die geschlechtsreifen Würmer leben im Darm des Menschen.
Die Eier gehen mit dem Kot ab und im Freien schlüpft die erste
Larve. Sie erinnert in ihrem Körperbau (Mundhöhle, Schlund
u. a.) an freilebende Kotbewohner (Gattung *Rhabditis*) und entwickelt sich zunächst wie diese bis zu einer Drittlarve, die wiederum als „Dauerlarve" dient. Wiederum dieses Stadium ist es, das
bei Berührung aktiv in die Haut des Menschen eindringt, sich mit
dem Blutstrom in die Lunge transportieren läßt, von dort die
Luftröhre hoch in die Mundhöhle gelangt, abgeschluckt wird und
so im Darm landet, um dort zum geschlechtsreifen Grubenwurm
heranzuwachsen.

Noch weiter „unterdrückt" sind die freilebenden Stadien
schließlich bei solchen Fadenwürmern, aus deren Eiern im Freien
keine Larven ausschlüpfen, diese vielmehr im Schutz der Eischale,

von Reservesubstanzen zehrend, „warten", bis sie, immer noch von der Eischale umgeben, von einem Endwirt aufgenommen werden (Abb. 46). So ist es z. B. bei den Oxyuriden, zu denen auch der häufige Madenwurm des Menschen gehört. Aber selbst in diesen Fällen muß sich die Larve bei den meisten Arten im Schutz der Eischale erst zweimal häuten und somit wieder zu einer Drittlarve geworden sein, ehe sie schlüpfreif und damit für ihren Wirt infektiös ist.

Ähnlich liegen die Verhältnisse auch bei der Mehrzahl derjenigen parasitischen Nematoden, die die freilebende Phase dadurch reduziert haben, daß ein Teil der Larvalentwicklung in einem Zwischenwirt abläuft, wie z. B. bei den Filarien, denen blutsaugende Insekten als Zwischenwirte dienen (s. S. 77) oder beim Amselspulwurm (s. S. 74 u. Abb. 43). Bei solchen Arten mit indirekter Entwicklung bilden sich die Larven im Zwischenwirt ebenfalls wieder bis zu einer Drittlarve um, die dann als eine Art „Dauerlarve" nicht weiterwächst, sondern darauf „wartet", in einen passenden Endwirt zu gelangen, um erst dort über weitere Häutungen zum geschlechtsreifen Wurm heranzuwachsen. Das dritte Larvenstadium, das der „Dauerlarve" der freilebenden saprobionten Arten entspricht, spielt also auch bei den hoch spezialisierten Parasiten immer noch eine entscheidende biologische Rolle. An dieser „Erfindung" der freilebenden Vorfahren wird mit geradezu erstaunlicher Zähigkeit bei den meisten parasitischen Nematodengruppen festgehalten, sie wird als altes Erbe, als Reminiszenz bewahrt und zeigt uns neben anderen Fakten, daß die Wurzel dieser parasitischen Linien bei den freilebenden saprozoischen Fadenwürmern liegt, die so viele Voraussetzungen für den Schritt zum Endoparasitismus bereits mitbrachten.

4. Andere Wege

Wir sagten schon, daß die verschiedenen Parasitengruppen des Tierreichs selbstverständlich unabhängig zum Schmarotzertum übergegangen sind, und folglich auch verschiedene Ausgangssituationen, verschiedene „Plattformen" vorgelegen haben müssen. Vor allem bei Ektoparasiten herrschen oft völlig andere Verhältnisse. Einige wenige weitere „Wege zum Parasitismus" wollen wir wenigstens nennen.

Ein Ausgangspunkt kann z. B. die Phoresie, das Sichver-
schleppenlassen durch andere Organismen sein, indem das Trans-
porttier gewissermaßen als Nahrungsquelle, als „Wirt" entdeckt
wird. Wir wissen, daß sich außer den Nematoden (s. S. 123) auch
viele freilebende Milben (s. S. 4 u. Abb. 2) von Insekten verschleppen
lassen und daß eine Reihe heute parasitisch an und in (z. B. in den Tracheen) Insekten lebender Milben von solchen Formen abstammen. Auch
reine Aufsitzer (Epizoen), die andere Tiere nur als „Untergrund" benutzen,
um auf ihnen, wie auf einem Stein zu siedeln oder Einmieter (s. S. 8) können von dieser „Plattform" aus zum Parasitismus übergegangen sein. Die
Rankenfüßer (Cirripedien) z. B. sind marine Krebse, die auf einer Unterlage
angewachsen, sessil leben, wie z. B. die Seepocken (Balaniden). Als Unterlage dienen ihnen tote Objekte an der Felsküste, wie Steine oder Pfähle.
Einige Arten siedeln sich jedoch auch auf dafür geeigneten Tieren an. Da
gibt es Seepocken, die sich sowohl auf toter, als auch auf lebender Unterlage
anheften können, wie z. B. *Conchoderma*, die man auch als „Aufwuchs"

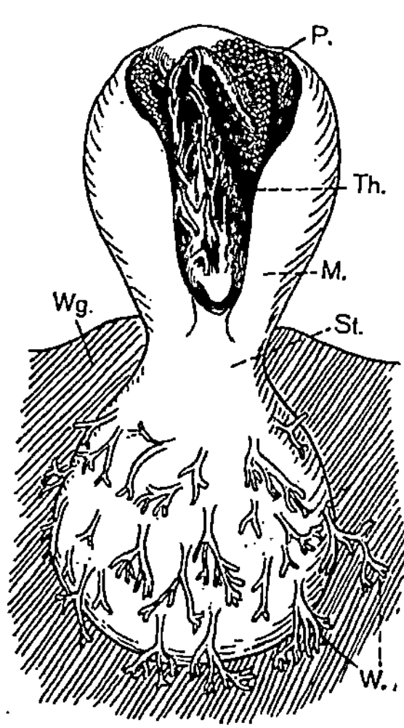

Abb. 69. Der Rankenfüßer *Anelasma squalicola* pflanzt sich mit seinem Stiel (*St*) in die Haut (*Wg*) von Haien ein und treibt dort wurzelartige Ausläufer (*W*). *P* männl. Begattungsorgan, *Th* Rumpf, *M* „Mantel". (Aus HESSE-DOFLEIN 1943)

auf der Haut von Haien und Walen finden kann. Andere Arten,
so *Coronula*, setzen sich nur an Walen, wieder andere *(Chelonobia)*
nur auf dem Panzer von Meeresschildkröten fest. Die zuletzt
genannte „Seepocke" treibt sogar wurzelartige Ausläufer ihres
Körpers in den Schildkrötenpanzer vor, um sich auf diese Weise
fester zu verankern. *Anelasma squalicola*, ein weiterer Rankenfüßer,
treibt ebensolche Ausläufer in die Haut der Haie (Abb. 69), die
er besiedelt, löst dabei jedoch Hautgewebe auf und resorbiert es,
so daß man schon von Ektoparasitismus sprechen kann. Höhepunkt
einer solchen Entwicklung zum Parasitismus sind schließlich die

ebenfalls zu den Rankenfüßern zählenden Rhizocephalen oder Wurzelkrebse (Abb. 18), von denen wir schon hörten, daß sie als weitestgehend umgestaltete Schmarotzer im Inneren von Krabben leben (s. S. 33).

Diese wenigen Beispiele zeigen bereits, daß es recht unterschiedliche Wege gibt, die zum Parasitismus führen und daß es von Fall zu Fall zu untersuchen gilt, welcher eingeschlagen wurde. Nicht immer finden wir unter den zur Zeit lebenden Arten noch solche, die uns Etappen dieses Weges veranschaulichen und somit als „Modelle" einstiger Ahnen dienen können. Oft fehlen solche völlig und so muß der Ursprung mancher Schmarotzergruppen im Dunkel bleiben.

c) Die Rolle der Umwelt
für die stammesgeschichtliche Entwicklung

1. Etwas Allgemeines

Ist der Schritt zum Parasitismus geglückt, dann vollziehen sich im Laufe der weiteren stammesgeschichtlichen Entwicklung, unter dem Einfluß der nun herrschenden Auslesebedingungen, weitere Wandlungen, die zu einer immer besseren Anpassung der Schmarotzer an ihre spezielle Lebensweise führen, sie damit allerdings auch immer mehr in dieser Richtung „festlegen". Viele Schmarotzer sind daher so spezialisiert, daß sie nur noch auf bestimmten Wirten oder in bestimmten Organen leben können. Auch der Weg zurück ist ihnen dadurch versperrt. Während wir eine Fülle ursprünglich freilebender Tiergruppen kennen, die parasitische Linien hervorgebracht haben, gibt es keinen Fall, wo sich umgekehrt, aus einer echten Parasitengruppe wieder freilebende Arten im Laufe der Stammesgeschichte entwickelt haben.

Ein hochentwickelter Parasit ist also auf Gedeih und Verderben auf seinen Wirt angewiesen; der Wirt ist seine Welt, ohne die er nicht zu leben vermag. Der Wirt, das ist nun aber selbst wieder ein lebendiger Organismus, der seinerseits eine Umwelt hat, mit der er sich auseinandersetzen, der er angepaßt sein muß. Wir wissen, daß die Auseinandersetzung der Organismen mit ihrer Umwelt eine wesentliche Rolle in der Stammesgeschichte spielt. Veränderungen der Umweltbedingungen bedeuten Veränderungen in der natürlichen Auslese und diese wiederum ist es,

die die Richtung und auch das Tempo der stammesgeschichtlichen Entwicklung wesentlich mitbestimmt. Der Umweltbezug
der Organismen hat sich im Laufe der Jahrmillionen der Erdgeschichte vielfach geändert, einmal dadurch, daß bestimmte
Organismengruppen sich neue, schon existierende Lebensräume
eroberten und dadurch unter veränderte Auslesebedingungen
geraten sind. Wir sprachen schon von den Quastenflossern der
Devonzeit, die das Land „erobert“ haben und sich dort zu Lurchen weiterentwickelten. Die Vögel haben sich den Luftraum
zugänglich gemacht, wodurch ihre weitere Entwicklung eine neue
Richtung bekommen hat, und auch der oben diskutierte Schritt
zum Parasitismus ist eine solche Erschließung neuer Lebensräume,
die zu einer entsprechenden „Belebung“ der stammesgeschichtlichen Entwicklung der betroffenen Gruppen führte.

Andererseits kann der Umweltbezug der Organismen auch
dadurch Wandlungen erfahren, daß sich die Umwelt selbst im
Laufe der riesigen Zeiträume verändert. Wir wissen, daß z. B.
das Klima im Verlauf der Erdgeschichte nicht gleich geblieben ist.
daß es wärmere und kältere, feuchtere und trocknere Zeiten gab
und dadurch z. B. Urwälder Steppen weichen mußten, Meeresarme
abgeschnitten und ausgesüßt worden sind und vieles andere mehr.
Die davon betroffenen Organismen mußten auf diese Umwelt-
änderungen durch den Erwerb entsprechender Anpassungen im
Laufe ihrer Stammesgeschichte reagieren; andernfalls wurden sie
von konkurrenzüberlegenen Formen abgedrängt oder starben aus.
Auch das Auftreten anderer Arten, seien es Konkurrenten oder
Feinde, stellt letztlich eine Umweltänderung dar, die von Einfluß
auf die weitere Evolution einer Gruppe ist und deren Wandlung
in Gang hält. Umgekehrt konnte es in Lebensräumen, die über
Jahrmillionen der Erdgeschichte relativ konstant geblieben sind
und von der Umgebung abgeschirmt waren, zu einer Erlahmung
der Evolution mancher dort lebender Tiere kommen, da die Auslesebedingungen dann ja lange Zeit dieselben blieben und die
einmal erworbenen Anpassungen nur noch „konserviert“ zu
werden brauchten. In solchen Lebensräumen haben sich daher
zum Teil Arten seit vielen Jahrmillionen nahezu unverändert als
sogenannte „lebende Fossilien“ oder „Dauergattungen“ bis heute
erhalten. Es sei hier nur an die altertümliche Brückenechse auf

Neuseeland, an die „Urschnecke" Neopilina aus den Tiefen des Ozeans und an die seit der Kreidezeit nahezu unveränderten Beutelratten Südamerikas erinnert.

Wenden wir uns nach diesen allgemeinen Überlegungen nun wieder den Parasiten zu, so können wir erneut feststellen, daß deren Umwelt im wesentlichen ihr jeweiliges Wirtstier ist. Stammesgeschichtliche Wandlungen des Wirtes sind demnach „Umweltsänderungen" für den Parasiten. Wir wollen daher an Hand einiger Beispiele verfolgen, wie sich die Evolution der Wirtstiere auf ihre Schmarotzer ausgewirkt hat.

2. Verwandte Wirte — verwandte Parasiten

Wesentliche Voraussetzung dafür, daß die Evolution einer Wirtsgruppe verfolgbare Einflüsse auf die ihrer Schmarotzer ausüben konnte, ist, daß die Parasiten lange genug an bestimmte Wirtsgruppen gebunden blieben und dadurch deren stammesgeschichtliche Entwicklung gewissermaßen miterlebt haben. Die wenigen fossilen Schmarotzer, die wir kennen (s. S. 116), geben hierfür zwei Anhaltspunkte. Sie stammen aus einer erdgeschichtlich schon sehr lange vergangenen Zeit, bezeugen also ein hohes Alter der betreffenden Parasitengruppe. Ferner sahen wir, daß die fossilen Myzostomiden und parasitischen Schnecken der Devonzeit auf denselben Wirtsgruppen lebten, wie ihre heutigen Verwandten auch, also über sehr lange Zeiträume hinweg wirtstreu geblieben sind. Versteinerungen bieten jedoch nicht die einzige Möglichkeit, diesen Fragen näherzutreten. Wenn es stimmt, daß viele Schmarotzer stammesgeschichtlich alt sind und wenn ihre Wirtsspezifität groß genug war, sie auch über lange Zeiträume hinweg, an bestimmte Wirte zu fesseln, dann müssen logischerweise die Ahnen der heutigen Schmarotzer bereits auf den Ahnen ihrer heutigen Wirte gelebt und deren stammesgeschichtliche Differenzierung miterlebt haben. Wenn dem so ist, dann sind folgerichtig auf verwandten Wirtstieren auch ihrerseits verwandte Schmarotzer zu erwarten. Diese Folgerung läßt sich an Hand der gegebenen Verhältnisse nachprüfen. Um sicher zu gehen, wird man dabei besonders die Parasiten solcher verwandter Wirtstierarten vergleichen, die heute entweder in geographisch weit getrennten Gebieten leben oder sehr verschiedene Umweltsansprüche

stellen und folglich in der Natur nicht nebeneinander vorkommen.
Dadurch läßt sich ausschließen, daß sie ihre Schmarotzer erst „kürz-
lich" untereinander ausgetauscht haben. Lassen sich in solchen Fällen nächst verwandte oder gar identische Parasitenarten feststellen,
dann dürften sie mit hoher Wahrscheinlichkeit das Erbe eines gemeinsamen Vorfahren der heute getrennten Wirtsarten sein. In der
Tat lassen sich derartige Verhältnisse bei einer Reihe von Schmarotzern nachweisen, besonders natürlich bei
solchen, die sehr eng an bestimmte Wirte gebunden sind. Ein paar Beispiele, die sich beliebig vermehren ließen, mögen das zeigen.

<table>
<tr><td>Abb. 70 a</td><td>Abb. 70 b</td></tr>
</table>

Abb. 70 a u. b. Auf dem Dromedar (a links) und den Lamas (a rechts) schmarotzen verwandte Arten der Läusegattung *Microthoracius* (b). (Nach Kosmos
Lexikon, Stuttgart: Franckh, verändert)

Von der Läusegattung *Microthoracius* (Abb. 70) kennt man vier
Arten. Eine lebt im Fell der Dromedare Afrikas, drei andere, nahe
verwandte Arten sind auf den Lamas Südamerikas verbreitet.
Auf keinem weiteren Säugetier der Erde kommen sonst noch
derartige Läuse vor. Die Lamas und Dromedare werden von den
Zoologen in der Familie der Kamelartigen (Camelidae) zusammengefaßt, sind also nahe verwandt, und dasselbe gilt also auch von
ihren Läusen, die sie von ihren gemeinsamen Vorfahren übernommen haben müssen. Als solche kommen gegen Ende der
Tertärzeit in Nordamerika lebende Formen *(Procamelus)* in Frage,
von denen wir versteinerte Teile kennen. Am Ende des Tertiärs
wanderte ein Teil dieser Ahnenformen nach Euroasien und entwickelte sich hier zu den Kamelen und Dromedaren, während

132

der sich zu den Lamas entwickelnde Zweig erst in der Eiszeit Südamerika erreichte. All diese Wanderungen in längst vergangenen Zeiten müssen diese Läuse, im Fell ihrer Wirte sitzend, mitgemacht haben.

Ein anderes Beispiel betrifft einen Entoparasiten. Von den Giraffenartigen leben heute nur noch zwei Gattungen in Afrika, das Okapi als Urwaldbewohner im Kongo und die Giraffen in der Steppe. Obwohl sich beide wegen der jetzt völlig unterschiedlichen Umweltsansprüche nie begegnen, sind sie von demselben, in der Leber schmarotzenden Fadenwurm, *Monodontella giraffae* befallen. Auch dieser Schmarotzer kommt in keinem anderen Tier vor und dürfte daher bereits bei den gemeinsamen Vorfahren von Giraffen und Okapis parasitiert haben.

Ähnlich gelagerte Verhältnisse finden sich in vielen weiteren Fällen. So schmarotzen auf den zahlreichen Taubenarten all überall auf der Welt Federlingsarten, die zur selben Gattung *(Columbicola)* gehören, während solche auf anderen Vögeln fehlen. Manche Schmarotzer haben sogar einschneidende Veränderungen des Lebensraumes ihrer Wirte überstanden. Die Robben stammen, wie wir wissen, von ursprünglich terrestrischen Raubtieren ab, die zum Meeresleben übergegangen sind. Mit ihnen sind auch ihre Läuse ins Wasser gegangen. Bei allen drei Robbengruppen, bei den Seehunden (Phociden), Seelöwen (Otariiden) und Walrossen (Odobeniden), leben nämlich nahe verwandte Läuse aus der Familie Echinophthiriidae, die ausschließlich auf Robben beschränkt sind (Abb. 75). Da es auf Meerestieren sonst nirgends Läuse und im Meer kaum Insekten gibt, müssen die Robben ihre Läuse vom Lande her in ihre neue Welt mitgebracht haben. Das wiederum setzt voraus, daß bereits die terrestrischen Ahnen der Robben von Läusen befallen waren. Auch der Mensch hat einen Teil seiner spezifischen Schmarotzer von seinen tierischen Vorfahren her beibehalten. Die nächsten Verwandten dieser Parasiten finden sich daher auf den heute lebenden „Vettern" des Menschen, den Menschenaffen der Alten Welt. Das gilt für die Madenwürmer (Oxyuren, *Enterobius*), die wir auch von Altweltaffen kennen, ebenso wie für die Läuse. Von letzteren parasitieren am Menschen die Gattungen *Pediculus* (Kopf- und Kleiderlaus) und *Phthirus* (Schamlaus Abb. 32, *11*). Eine verwandte

Pediculus-Art *(P. schaeffi)* kennt man vom Schimpansen, die Schamlaus kommt außer auf dem Schimpansen auch beim Gorilla vor.

3. Der Parasit hinkt in der Entwicklung nach

Schauen wir uns diese wenigen Beispiele noch einmal an, so
fällt auf, daß die Parasiten sich in den doch riesigen Zeiträumen,
die seit der Aufspaltung ihrer Wirte in verschiedene Arten,
Gattungen usw. vergangen sind, nur wenig verändert haben,
jedenfalls weit weniger als ihre Wirte. Während z. B. Giraffen
und Okapis heute zwei deutlich verschiedene Gattungen darstellen, gehören ihre Lebernematoden offensichtlich zur selben
Art. Auch Lamas und Dromedare gehören verschiedenen Gattungen an und sind selbst für den Laien auffallend verschieden,
ihre Läuse dagegen sehen einander äußerst ähnlich und stehen in
derselben Gattung. Dasselbe gilt für andere Parasiten in und auf
anderen Wirten auch. Die Evolutionsgeschwindigkeit scheint
demnach bei Parasiten geringer als bei ihren Wirten zu sein, der
Parasit hinkt in der Entwicklung hinter der seiner Wirte nach.
Das ist verständlich, wenn wir uns daran erinnern, was wir ein-
leitend über die Abhängigkeit der Evolution vom Wechsel der
Umweltbedingungen gesagt haben (s. S. 130). Während, um bei
unserem Beispiel zu bleiben, das Dromedar in den trockenen und
heißen Steppen und Wüsten des Flachlandes beheimatet ist,
leben die Lamas unter gänzlich anderen Bedingungen in den
Hochländern der Anden, so daß es verständlich ist, daß beide
Gruppen sich in Anpassung an die verschiedenen Umweltbedingungen in unterschiedlicher Weise entwickelt haben. Ihre
Läuse dagegen sitzen in beiden Fällen im Haarkleid ihrer Wirte,
wo es annähernd gleich warm ist, und saugen Blut. Sie sind also
von der Differenzierung ihrer Wirte wenig oder gar nicht berührt worden, ihr Lebensraum ist einigermaßen konstant geblieben (vgl. S. 131). Konstanz des Lebensraumes aber, das sagten
wir schon, bedeutet häufig ein Erlahmen der Evolutionsvorgänge,
da ja nichts neues geschieht, woran Anpassungen erworben
werden könnten. Was hier für die Läuse ausgeführt wurde, gilt
in ähnlicher Weise auch für die Federlinge der Vögel und für
viele Binnenschmarotzer, da vor allem höhere Tiere, allen Wandlungen der Umwelt zum Trotz, durch Regulationsmechanismen

ihr Innenmilieu konstant halten (z. B. die Temperatur, die chemische Zusammensetzung, die Konzentration der Körpersäfte) und somit auch ihren Schmarotzern eine stabile Umwelt bieten. Dieser „konservierende" Einfluß der Wirte bewirkt es, daß viele Parasiten so etwas wie „lebende Fossilien" im oben besprochenen Sinne sind, Formen, die, einmal ihrer besonderen Umwelt angepaßt, über Jahrmillionen der Erdgeschichte hinweg sich nur mehr wenig verändert haben.

4. Parasiten als Indizienbeweise für die Verwandtschaft ihrer Wirte

Daß die Lamas und Dromedare miteinander verwandt sind, das können wir aus Gemeinsamkeiten ihres Körperbaues und ihres Verhaltens erschließen und auch das vorliegende fossile Material läßt wenigstens in groben Zügen den Weg ihrer Differenzierung verfolgen. Daß sie von nächstverwandten Läusen parasitiert werden, paßt gut zu dieser Erkenntnis und liefert einen zusätzlichen Beweis. So ist es bei allen bislang angeführten Beispielen. Anders liegen die Dinge jedoch bei solchen Wirtsgruppen, über deren verwandtschaftliche Beziehungen die Zoologen noch im Unklaren sind, etwa weil es sich um Tiergruppen handelt, die sich in so sehr verschiedener Richtung entwickelt haben, daß sich nur noch wenig Ähnlichkeiten feststellen lassen. Von diesen ist dann oft noch nicht einmal sicher, ob sie von einem gemeinsamen Ahnen ererbt sind und dann natürlich für Verwandtschaft sprechen oder ob sie in Anpassung an ähnliche Umweltverhältnisse unabhängig voneinander, konvergent entwickelt wurden — wie der „Fischkörper" der Fische und Wale — und dann natürlich nicht als Verwandtschaftskriterien verwendet werden dürfen. Fehlt dann auch noch fossiles Material, das verbindende Übergangsformen liefert, ist eine Entscheidung oft sehr schwer. In solchen Fällen können unter Umständen die Schmarotzer dem Zoologen wertvolle Hinweise geben. Da sie sich im Verhältnis zu ihren Wirten in der Stammesgeschichte langsamer und weniger verändern, kann ihre nähere Verwandtschaft auch dann noch feststellbar sein, wenn dies für ihre Wirte nicht mehr gelingt. Dadurch können die Parasiten Indizienbeweise auch für die Verwandtschaft ihrer Wirte liefern. Diese

Methode, die von verschiedenen Parasitologen zu Beginn unseres Jahrhunderts entwickelt wurde, wird in letzter Zeit viel diskutiert. An ein paar Beispielen wollen wir sehen, worum es dabei geht.

Sind Flamingos Störche oder Enten?

Eine im System der Vögel isoliert stehende Gruppe sind die Flamingos. Über ihre verwandtschaftlichen Beziehungen zu anderen Vogelordnungen herrscht noch wenig Klarheit. Sie haben z. B. einen „Siebschnabel" und Schwimmhäute zwischen den Zehen, wie die Enten, aber einen langen Hals und lange Beine, wie die Störche und Reiher. Ihre Jungen sind nach wenigen Tagen „Nestflüchter", wie bei den Enten und Gänsen, das Brutgeschäft jedoch wird von beiden Gatten besorgt, wie bei den Störchenvögeln. Es erhebt sich also die Frage, sind die Flamingos den Entenvögeln oder den Störchenvögeln näher ver-

Abb. 71. Flamingo und Ente sind zwar recht verschieden, ihre Parasiten sprechen jedoch für eine nähere Verwandtschaft. (Nach Kosmos Lexikon, Stuttgart: Franckh)

wandt (Abb. 71) oder unterhalten sie zu keiner dieser Gruppen engere Beziehungen. Fragen wir ihre Ektoparasiten, die Federlinge, so bekommen wir eine eindeutige Antwort. Auf den Flamingos leben Federlinge aus drei verschiedenen Gattungen, nämlich *Anaticola*, *Anatoecus* und *Trinoton* (die vom Flamingo neuerdings als nächst verwandte Gattung *Flamingobius* abgetrennt). Alle drei Gattungen kommen mit verwandten Arten nur noch bei Entenvögeln vor, sonst nirgends. Typische Storchen- und Reiherfederlinge, wie z. B. *Ardeicola* und *Ciconiphilus*, fehlen den Flamingos dagegen völlig. Der parasitologische Befund an Hand der Federlinge spricht demnach eindeutig für eine Verwandtschaft der Flamingos mit den Enten und Gänsen. Es ist nun Aufgabe der Vogelforscher, noch einmal nachzusehen, ob sich nicht doch noch weitere Indizien für eine solche Verwandtschaft finden lassen, denn selbstverständlich haben in Fragen der Vogelsystematik die Ornithologen das letzte Wort.

Sind Strauß und Nandu verwandt?

Unser zweites Beispiel handelt ebenfalls von Vögeln, da gerade bei diesen die verwandtschaftlichen Beziehungen der größeren

Abb. 72. Auf den südamerikanischen Nandus *(Rhea)* (links) und den afrikanischen Straußen *(Struthio)* (rechts) schmarotzen nahe verwandte Federlinge. (Nach Kosmos Lexikon, Stuttgart: Franckh)

Gruppen (Ordnungen) zueinander z. T. wenig geklärt sind. Es ist dies bei Vögeln unter anderem deshalb besonders schwierig, weil fossiles Material weitgehend fehlt. Während der Stammesgeschichte der Vögel sind mehrfach große flugunfähige Laufvögel entwickelt worden. Manche davon, wie die Moas (Dinornithidae) Neuseelands, die Raubstrauße (manche Cariamidae) Südamerikas und die Riesenstrauße *(Aepyornithes)* Madagaskars sind ausgestorben, andere leben noch heute. Dazu gehören die Emus und Kasuare der australischen Region, die Strauße in Afrika und die Nandus in Südmerika (Abb. 72). Die Frage ist auch hier: Sind die zweifellos bestehenden Ähnlichkeiten einiger dieser Laufvögel nur Konvergenzen, in Anpassung an eine gleichartige Lebensweise unabhängig erworbene Eigenschaften oder deuten sie auf einen gemeinsamen Ursprung hin. Während die meisten Vogelsystematiker dazu neigen, die Strauße und Nandus als zwei unabhängig entstandene Gruppen zu betrachten, sprechen ihre Parasiten wiederum für eine nähere Verwandtschaft dieser beiden Laufvogeltypen. Unter den Federlingen ist es die Gattung *Struthiopleurus*, die mehrere nahe verwandte Arten enthält, von denen vier auf den südamerikanischen Nandus und eine auf dem afrikanischen Straußen lebt. Von keiner anderen Vogelgruppe kennt man Federlinge aus dieser Gattung. Auch eine parasitische Milbenart, *Pterolichus bicaudatus* haben Nandu und Strauß gemeinsam, doch kommen über 20 weitere *Pterolichus*-Arten auf Vögeln aus 12 verschiedenen Ordnungen vor, die allerdings alle auf Europa und Afrika beschränkt sind. Diese Milben zeigen demnach nicht die hohe Wirtsspezifität, wie sie für viele Federlinge nachgewiesen ist, doch bleibt beachtenswert, daß die Nandus die einzigen Wirte in Südamerika stellen. Somit sprechen vor allem die Federlinge, in geringeren Maße jedoch auch die Milbe, für eine nahe Verwandtschaft von Nandu und Strauß, trotz ihrer weiten geographischen Trennung. Aber auch hier kann der parasitologische Befund natürlich nur eine Anregung sein, diese Frage noch einmal von Seiten der Ornithologen zu überprüfen.

Der Kuckuck und das Hausgeflügel als Testfall

Schlüsse, wie die oben gezogenen, haben zur Voraussetzung, daß die Spezifität der als Indizien benutzten Parasiten wirklich über Jahrhunderttausende hinweg so groß ist, daß sie niemals von einer Wirtsgruppe auf eine andere, nicht verwandte überwechseln konnten. Wenn es möglich wäre, daß z. B. die Flamingos ihre Federlinge im Zusammenleben mit den Enten von diesen irgendwann einmal erworben haben, dann würde das Vorkommen verwandter Schmarotzer bei beiden Vogelordnungen selbstverständlich über die Verwandtschaft der Wirte nichts aussagen können. Nun läßt sich im Experiment zwar zeigen, daß bestimmte Federlingsarten offensichtlich auf das spezielle Federmaterial ihrer Wirtsarten als Nahrung angewiesen sind und Federn anderer Vögel nicht annehmen, was ein „Umsteigen" auf andersartige Wirte unmöglich macht. Ein solcher Versuch schließt jedoch nicht völlig aus, daß über viele Generationen in engerem Verband lebende Vogelarten im Laufe langer Zeiträume nicht doch einmal

Schmarotzer ausgetauscht haben. Das läßt sich in einem kurzfristigen Experiment natürlich nicht nachprüfen. Glücklicherweise gibt es jedoch einige Fälle, wo die Natur für uns ein solches „Experiment" über lange Zeiträume gemacht hat, und die wollen wir uns ansehen. Schon seit langer Zeit hält der Mensch Haustiere zusammen. Im Hühnerhof kommen z. B. Enten, Tauben, Fasanen und Hühner in engen Kontakt und auch der Haussperling mischt sich unter die Schar des Hausgeflügels. Und dennoch hat jeder dieser Vögel seine spezifischen Schmarotzer beibehalten, Arten, die sie von ihren wildlebenden Vorfahren mitgebracht haben. So finden sich auf den von den Römern eingeführten Fasanen dieselben Federlinge, wie auf der Wildform in Afghanistan, und das Haushuhn beherbergt einen Federling *(Goniodes)*, dessen nächster Verwandter auf den wilden Bankivahühnern Indiens, der Stammform unseres Haushuhnes, lebt. Auch die Kormorane, Lummen und Möwen, die seit Jahrtausenden auf manchen „Vogelfelsen" in nächster Nachbarschaft

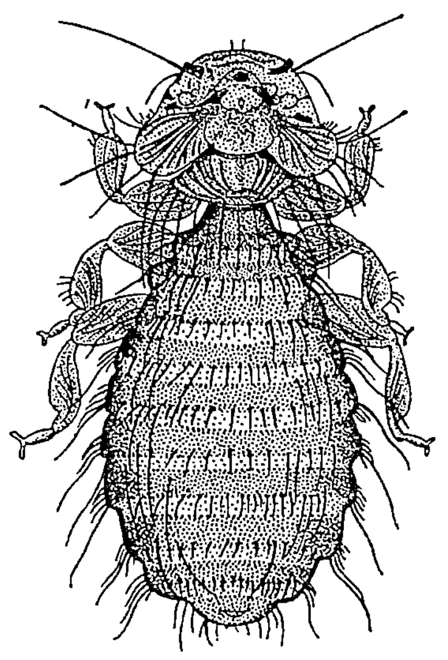

Abb. 73. Der Kuckucksfederling *Cuculiphilus fasciatus*. (Aus DOGIEL 1963)

leben, haben jeweils spezifische Federlinge und keineswegs eine gemischte Parasitenfauna. Am erstaunlichsten liegen die Verhältnisse jedoch bei unserem Kuckuck. Er legt seine Eier bekanntlich als Brutschmarotzer in fremde Nester, wo auch der Jungvogel von den „Stiefeltern" aufgezogen wird. Da normalerweise Federlinge durch Kontakt von einem Vogel auf den anderen übertragen werden, erhalten Jungvögel ihre Schmarotzer oft schon während der Nestlingszeit von ihren Eltern. Ein ähnlicher Übertragungsmodus müßte dazu führen, daß der junge Kuckuck die Federlinge seiner Stiefeltern erhielte. Das ist erstaunlicherweise nicht der Fall. Unser Kuckuck wird von drei Federlingsarten parasitiert, die zu den Gattungen *Cuculoecus, Cuculiphilus* (Abb. 73) und *Cuculicola* gehören.

Das sind typische Kuckucksfederlinge, die sich bei verschiedenen Kuckucksarten finden, wo überall in der Welt es solche gibt. Sie fehlen bei den Sperlingsvögeln jedoch völlig und gerade solche stellen die Pflegeeltern für unseren Brutschmarotzer. Obgleich hier also sicher seit Jahrtausenden günstige Bedingungen für ein Überwandern der Federlinge bestehen, ist dergleichen nachweislich nicht geschehen. Der Kuckuck hat die für ihn typischen Federlinge behalten und keine fremden angenommen. Woher bekommt er aber die ihm „zustehenden" Schmarotzer. Der Jungkuckuck ist zunächst noch frei von Federlingen und bekommt die für ihn typischen erst durch Kontakt mit einem „verlausten" Artgenossen, wahrscheinlich bei der Begattung.

Diese Beispiele zeigen uns, wie spezifisch viele Federlinge sind und wie gering die Gefahr ist, daß sie von einer Wirtsgruppe auf eine andere übertragen werden können. Wir können daher hoffen, daß sich andere Federlingsgruppen auch im Laufe der Stammesgeschichte der Vögel wirtstreu gehalten haben und wir uns auf sie verlassen können, wenn wir sie als Indizienbeweise für die Verwandtschaft ihrer Wirte zu Rate ziehen.

5. Wechselnde Umweltsbedingungen und ihr Einfluß auf die Schmarotzer

In den bisher betrachteten Fällen sind die Schmarotzer durch die stammesgeschichtliche Entwicklung ihrer Wirte nur wenig betroffen worden. Diesem Umstand verdanken wir ja, daß wir sie als Indizien für die Verwandtschaft ihrer Wirte verwenden konnten. Das muß nicht so sein. Wir kennen durchaus Fälle, wo die Evolution der Wirte mit so einschneidenden Veränderungen in deren Lebensweise und mit einem so bedeutenden Wechsel der Umwelt verbunden war, daß auch die Schmarotzer davon deutlich beeinflußt wurden, sei es, daß sie besondere neue Anpassungen entwickelten, sei es, daß sie ausstarben. Der Übergang vom Meer zum Süßwasser, der in beiden Richtungen von manchen Fischen und niederen Tieren vollzogen wurde, die Eroberung des Landes durch bestimmte Fischgruppen (s. S. 120), der Erwerb einer aquatilen Lebensweise bei ursprünglich terrestrischen Tieren, wie wir ihn z. B. von den Seeschildkröten, den Robben und Walen kennen, und andere einschneidende ökologische Veränderungen haben daher ihre Spuren in der Parasitenfauna der betreffenden Tiergruppen hinterlassen. Bei manchen Tieren treten solche Veränderungen sogar während der Individualentwicklung ein und solche Fälle können uns als „Modelle" für entsprechende Vorgänge in der Stammesgeschichte dienen.

Wanderfische und Winterschläfer

Unter den Fischen kennen wir Arten, die im Laufe ihres Lebens Wanderungen zwischen dem Meer und dem Süßwasser durchführen, wie z. B. die Aale und die Lachse. Letztere verbringen die ersten drei bis vier Jahre als Jungfische in Bächen und Flüssen, also im Süßwasser, wandern dann ins Meer ab, um nach weiteren zwei bis drei Jahren geschlechtsreif wieder ihren Heimatfluß aufzusuchen und dort abzulaichen. Dieser Wechsel zwischen Süßwasser und Salzwasser wirkt sich auf die Parasitenfauna aus und zwar zunächst auf die Ektoparasiten, die von dem Milieuwechsel unmittelbar betroffen werden. So wird der Lachs im Meer z. B. von einem ektoparasitischen marinen Krebschen *(Lepeophtheirus stroemii)* befallen, der jedoch den Übergang zum Süßwasser nicht vertragen kann. Zum Laichplatz wandernde Lachse sind daher nur nahe der Flußmündung noch von diesem Schmarotzerkrebs befallen, dann stirbt er ab. Aber auch die Entoparasiten werden bei den Wanderungen langsam „umbesetzt". Der ins Meer wandernde Junglachs nimmt seine im Süßwasser erworbenen Saugwürmer und Fadenwürmer zwar mit ins Meer, verliert sie jedoch nach längerem Meeresaufenthalt und erwirbt eine neue, aus marinen Schmarotzern zusammengesetzte Entoparasitenfauna.

Auch physiologische Veränderungen des Wirtstieres können ähnliche Folgen haben. Unter den warmblütigen Säugetieren gibt es eine Reihe von Arten, die in Winterschlaf verfallen können, wobei ihre Körpertemperatur stark absinkt, und andere, deren Körpertemperatur gar im täglichen Aktivitätsverlauf starken Schwankungen unterworfen ist, wie das bei den Fledermäusen der Fall ist. Da zahlreiche Schmarotzer, so z. B. die Haarlinge und Läuse, aber auch entoparasitische Würmer, an die konstante und hohe Körpertemperatur ihrer Wirte angepaßt sind, werden sie von solchen Temperaturschwankungen betroffen. Von den Murmeltieren wissen wir, daß sie während des Winterschlafes den

Großteil ihrer parasitischen Würmer (meist Ascariden) verlieren, da diese unter den dann herrschenden Verhältnissen nicht leben können. Da der Wirt in dieser Zeit nichts frißt, würden sie wohl auch unter Nahrungsmangel leiden. Beim Erwachen im Frühjahr erfolgt dann die Neuinfektion mit Dauerstadien, die außerhalb des Wirtes den Winter überlebt haben. Manche Saugwürmer von Fledermäusen dagegen verfallen mit ihren Wirten in eine Art „Winterschlaf", indem sie ebenfalls ihren Stoffwechsel drosseln, sich nicht weiter entwickeln und erst mit dem Erwachen ihrer Wirte wieder aktiv werden. Besonders kälteempfindlich sind viele Läuse, Haarlinge und Federlinge, die nur bei warmblütigen Wirten schmarotzen. Die im Hinblick auf ihre Körpertemperatur besonders labilen Fledermäuse gehören daher zu den wenigen Säugetieren, von denen weder Haarlinge noch Läuse bekannt sind.

Die Bisamratte und das Meerschweinchen in Europa

Auch „Wanderungen", im Zusammenhang mit der Ausbreitung von Tierarten, können zum Ausfall bestimmter Schmarotzer und zum Neuerwerb anderer führen. Das muß keineswegs nur an den veränderten Umweltbedingungen im neu besiedelten Gebiet liegen. Häufig ist es so, daß die Erstbesiedler, die Gründer neuer Populationen, nur in relativ geringer Individuenzahl vertreten sind. Es hängt dann vom Zufall ab, von welchen der typischen Schmarotzer der betreffenden Wirtsart die wenigen Neusiedler gerade befallen sind. Nur diese mitgeschleppten Schmarotzer können natürlich auch in Zukunft im neuen Verbreitungsgebiet vertreten sein und selbst von diesen können im Laufe der ersten Wirtsgenerationen noch einige verloren gehen, da sie weniger Chancen haben, in der zahlenmäßig noch kleinen Population einen Wirt zu finden. Bei der in Nordamerika beheimateten Bisamratte *(Ondatra zibethica)*, war es der Mensch, der ungewollt für ihre Verbreitung in Europa sorgte. 1905 wurden die ersten Exemplare in der Nähe von Prag ausgesetzt und seit dem hat die Bisamratte sich in ungeahnter Weise in Europa verbreitet. Vergleicht man nun die Schmarotzerfauna der europäischen Bisamratten mit der ihrer nordamerikanischen Artgenossen, so zeigt sich eine deutliche Verarmung bei den Europäern. Die meisten der zahlreichen für diesen Wirt in Nordamerika typischen Fadenwürmer, Band- und Saugwürmer fehlen in Europa und nur einige wenige europäische Schmarotzer hat die Bisamratte hier von der ähnlich lebenden Wühlmaus oder Wasserratte *(Arvicola terrestris)* übernommen.

Daß sich allerdings selbst unter Gefangenschaftsbedingungen spezifische Schmarotzer über Jahrhunderte in ihren Wirten halten können, das zeigt unser allbekanntes Meerschweinchen *(Cavia aperea f. porcellus)*. Einer alten, ausschließlich auf Südamerika beschränkten Nagetiergruppe (Caviomorpha) angehörend, sind die schon lange vor der Entdeckung Amerikas von den Inkas domestiziert gehaltenen Meerschweinchen wohl im 16. Jahrhundert nach Europa gelangt, wo sie heute, vor allem auch als Labortiere, viel gehalten werden. Trotz dieser langen Trennung von der Heimat findet sich im Blinddarm dieser Tiere fast in jeder größeren Zucht der Fadenwurm *Paraspidodera uncinata*, der in Europa sonst bei keinem anderen Tier vorkommt, in Südamerika dagegen bei den wildlebenden Verwandten des Meerschweinchens, so bei seiner Stammform *(Cavia aperea)* und bei den Agoutis und Lanzenratten, verbreitet ist. Es besteht demnach nicht der geringste Zweifel, daß dieser parasitische Nematode seinerzeit mit den Meerschweinchen importiert worden ist und sich in der Gefangenschaft bis heute gehalten hat.

6. Wirte wechseln den Lebensraum

Um möglichst auffällige Einflüsse auf die Schmarotzerfauna aufzeigen zu können, wollen wir im folgenden zwei recht einschneidende Umweltwechsel im Laufe der Stammesgeschichte der Tiere betrachten, nämlich zum einen die Eroberung des Landes durch die Wirbeltiere, ein Schritt, den die Quastenflosser der Devonzeit vollzogen haben, und zum anderen den Übergang landbewohnender Säugetiere zum Leben im Meer, wie ihn sowohl die Ahnen der heutigen Wale, als auch die der Robben in der Tertiärzeit durchführten.

Vom Wasser ans Land

Der Übergang von einer aquatilen zu einer wenigstens zeitweilig terrestrischen Lebensweise, wie er sich bei der Entwicklung zu den Lurchen und vollständig bei deren Weiterentwicklung zu den Kriechtieren abgespielt hat, muß einschneidende Folgen vor allem auf die Ektoparasiten gehabt haben. Bei den Fischen finden wir als Außenschmarotzer weit verbreitet und in großer Artenzahl vor allem monogene Saugwürmer (s. S. 26) und Krebse (s. S. 30), aber auch Einzeller, wie die zu den Wimpertierchen gehörenden Trichodinen (s. S. 23). All diese Schmarotzer befallen die Haut und die Kiemen der Fische, die ohne Zweifel ihre ursprünglichen Wirte innerhalb der Wirbeltiere darstellen. Der Entwicklungsgang all dieser Parasiten verläuft über freischwimmende Stadien und ist daher auf einen Wasseraufenthalt der Wirte eingestellt. Hatten diese Schmarotzer dennoch eine Möglichkeit sich auch auf den landbewohnenden Wirbeltieren zu behaupten? Den parasitischen Krebsen ist dies offensichtlich nicht gelungen, denn so reich sie auf Fischen vertreten sein können, von landlebenden Wirbeltieren kennt man keinen schmarotzenden Krebs. Hier sind es andere Gliederfüßer, die als „Stellvertreter" in ähnlicher Weise ektoparasitisch leben, nämlich die Milben (mit Zecken) und die Insekten (mit den Flöhen, Läusen, Haarlingen und Federlingen). Die Ökologen nennen so etwas „Stellenäquivalenz", weil gewissermaßen dieselben „Planstellen" von anderen Tiergruppen besetz sind. Im Großen und Ganzen gilt dasselbe auch für die anderen beiden Schmarotzergruppen, die wir oben nannten. Auch Saugwürmer und Trichodinen suchen wir auf der Haut von Landwirbeltieren vergeblich. Einige wenige Vertreter dieser beiden Gruppen haben es jedoch durch einen „Trick" geschafft, mit an's Land zu gehen, indem sie zu Binnenschmarotzern in der Harnblase geworden sind, und als solche leben sie heute noch bei manchen Lurchen. Wir kennen das schon vom Harnblasensaugwurm *Polystomum integerrimum* der Frösche, der in der Harnblase seines Wirtes wie in einem Aquarium lebt und daher auch bei dessen Landaufenthalt im flüssigen Milieu verbleibt. Wir sprachen schon davon, daß dieser Saugwurm nur zur Laichzeit der Frösche, wenn diese sich im Wasser aufhalten, zur Fortpflanzung schreiten kann und bei der Verbreitung nur Kaulquappen befällt, auf deren Kiemen er zunächst als Ektoparasit lebt, ehe er sich in die Harnblase begibt (s. S. 86). Nun gibt es unter den Froschlurchen auch Arten, die ihr ganzes Leben, auch als erwachsene Frösche im Wasser verbringen. Dazu gehört der

afrikanische Krallenfrosch *(Xenopus laevis)*, der früher für die
Schwangerschaftsdiagnose in der Humanmedizin Verwendung
fand. In der Harnblase des Krallenfrosches lebt eine ähnliche
Saugwurmart, *Protopolystoma xenopi*, die jedoch nicht, wie die des
Grasfrosches, mit der Vermehrung an die Fortpflanzungszeit ihres
Wirtes gebunden ist, sondern das ganze Jahr über Larven produziert. Diese befallen keineswegs nur Kaulquappen, sondern
auch bereits vollentwik-
kelte Frösche, in deren
After sie eindringen und
schließlich in die Harn-
blase gelangen. Der stän-
dige Wasseraufenthalt der
Wasserfrösche hat diese
Variation des Entwick-
lungsganges möglich ge-
macht.

Abb. 74. Das Wimperinfusor *Trichodina urinicola* lebt als Entoparasit in der Harnblase von
Molchen. (Aus HAIDER 1964: Monographie
der Urceolariidae. Jena, Parasitol. Schriften-
reihe)

Auch einigen einzel-
ligen Trichodinen ist es
gelungen, mit ihren Wir-
ten an's Land zu gehen.
Auch unter diesen, in der
Regel ektoparasitisch lebenden Schmarotzern der Fische, gibt es
Arten, die in der Harnblasel eben, wie z. B. *Trichodina urinaria* in
der von Fischen. Durch eine ebensolche entoparasitische Lebensweise ist es anderen Arten *(Trichodina urinicola* u. *T. ranae*, Abb. 74)
möglich, auch in den zeitweilig das Land aufsuchenden Molchen
oder Fröschen zu schmarotzen, da sie in der Harnblase ihrer Wirte
ja auch dann „im Wasser" verbleiben.

Sowohl die Frösche als auch die Molche beherbergen demnach
typische, ursprünglich gänzlich auf Wassertiere beschränkte Parasiten, die sie in ihrer Harnblase, wie in einem Aquarium mit an
Land genommen haben. Zur Fortpflanzung freilich sind all diese
Schmarotzer noch auf das Wasser angewiesen, nur dort kann auch
die Übertragung von Wirt zu Wirt stattfinden. Sie können daher
nur in Wirten leben, die, wie die Lurche, wenigstens zeitweilig
noch das Wasser aufsuchen. In ständig auf dem Lande lebenden
Kriechtieren, sowie in Vögeln und Säugetieren fehlen monogene

Saugwürmer und Trichodinen daher ebenso, wie parasitische Krebse.

Mit den Robben ins Meer

Verfolgen wir nun den entgegengesetzten Schritt, den Übergang ursprünglich terrestrischer Tiere zum Leben im Wasser, so finden wir vergleichbare Verhältnisse.

Beginnen wir mit den Robben (Pinnipedia), die den Großteil ihres Lebens im Wasser verbringen, aber dennoch das Land gelegentlich, vor allem zur Fortpflanzungszeit aufsuchen. Sie stammen von Landraubtieren ab, mit denen sie zusammen in der Ordnung der Raubtiere (Carnivora) stehen. Landraubtiere sind häufig von Haarlingen (meist aus der Gruppe der Trichodectiden) befallen, die wir von Bären, Mardern, Hunde- und Katzeartigen, also in weiter Verbreitung kennen. Den Robben dagegen fehlen im auffallenden Gegensatz dazu Haarlinge (Mallophagen) völlig, was darauf schließen läßt, daß es diesen Ektoparasiten nicht gelungen ist, sich an ein Leben „unter Wasser" anzupassen und sie daher ausgestorben sind. Hier sei eingefügt, daß es dagegen einige Federlinge (also ebenfalls Mallophagen), so Vertreter der Gattungen *Austrogoniodes* und *Nesiotinus*, geschafft haben, sich im Gefieder der viel im Wasser weilenden Pinguine zu halten, vielleicht weil das dichte Federkleid dieser Vögel das Wasser von den tieferen Gefiederpartien völlig abhält, die Federlinge also auch dann im Trocknen sitzen, wenn ihr Wirt sich im Wasser aufhält.

Doch nun zurück zu den Robben, denen Haarlinge also fehlen. Um so überraschender ist es, daß eine Läusegruppe ihren Wirten ins Meer gefolgt ist und heute sowohl bei den Seehunden als auch bei den Ohrenrobben und Walrossen vertreten ist. Diese „Robbenläuse" oder Echinophthiriidae sitzen im dichten Fell ihrer Wirte bevorzugt in der Kopfregion, die beim Atemholen ja immer über Wasser gehalten wird. Der Körper dieser Läuse ist dicht mit Borsten, ja bei der Gattung *Antarctophthirius* gar mit Schuppen besetzt (Abb. 75), mit deren Hilfe ein Luftmantel um den Körper festgehalten und mit unter Wasser genommen werden kann. Diese Luft dient weniger als Reserve, sondern vielmehr als „physikalische Kieme", an der ein Gasaustausch mit dem umgebenden Wasser stattfindet, so daß die Läuse bei längerem Wasseraufenthalt

ihrer Wirte genügend Sauerstoff für die Atmung zur Verfügung
haben. Beim See-Elefanten *(Mirounga leonina)* herrschen ganz besondere Verhältnisse. Wenn dieser riesige Säuger sich haart, dann
stößt er mit den Haaren auch die oberflächlichen Hornschichten

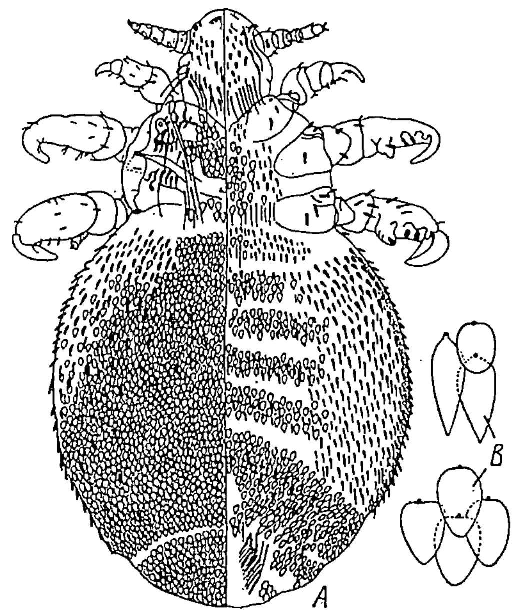

Abb. 75 A. Ein Weibchen der Seelöwenlaus *Antarctophthirius microchir*. Linke
Hälfte Rücken-, rechte Hälfte Bauchansicht. B Einige Schuppen der Haut
stärker vergrößert. (Aus DOGIEL 1963)

der Haut in Fetzen ab. Der Gefahr, auf diese Weise mit abgeworfen
zu werden, entgeht die See-Elefantenlaus *(Lepidophthirius macro-
rhini)* dadurch, daß sie im Gegensatz zu allen anderen Läusen,
Gänge in die Haut des Wirtes bohrt und dort in den tieferen
Schichten lebt. Bei der See-Elefantenlaus hat sich auch zeigen
lassen, daß sie, wenn während des langen Meeresaufenthaltes ihres
Wirtes dessen Hauttemperatur auf die des umgebenden, kalten
Meerwassers absinkt, in eine Art Kältestarre verfallen kann und
in dieser Zeit der Inaktivität natürlich nur einen sehr geringen
Stoffwechsel hat. Das ist eine ganz erstaunliche Anpassung, wenn
man bedenkt, daß die Läuse von Landsäugetieren in dieser Be-

ziehung sehr empfindlich sind und bei niederen Temperaturen rasch eingehen.

Trotz dieser Anpassungen an das Wasserleben sind die Robbenläuse zur Fortpflanzungszeit ebenso wie ihre Wirte auf einen Landaufenthalt angewiesen. Nur dann legen sie Eier im Haarkleid ab und nur dann kann die Übertragung von Robbe zu Robbe durch Kontakt erfolgen.

Sind es bei den Robbenläusen eigene morphologische und physiologische Anpassungen, die ihnen einen zeitweiligen Aufenthalt unter Wasser ermöglichen, so liegen bei den Robbenmilben Verhältnisse vor, die an die der „terrestrischen" monogenen Saugwürmer und Trichodinen (s. S. 144) erinnern. Milben sind auf der Haut und im Haarkleid von Säugetieren durch eine Reihe von Ektoparasiten vertreten, wie z. B. die seitlich komprimierten Arten aus der Gruppe der Listrophoriden. Zwei Milbengattungen haben sich auch unter den veränderten Umweltsbedingungen bei den Robben halten können und zwar dadurch, daß sie als Entoparasiten in den Nasen ihrer Wirte leben. Es handelt sich um die Milbengattungen *Halarachne*, deren Arten nur bei Seehunden (Phociden) und *Orthohalarachne*, deren Vertreter nur bei Ohrenrobben (Otariiden) und Walrossen (Odobenidae) angetroffen werden. Da Robben beim Tauchen die Nasenlöcher fest verschließen, leben diese Milben in den lufterfüllten Nasenräumen unter denselben Bedingungen, wie bei einem Landsäuger auch, also gewissermaßen in einem „Terrarium", das gut abgedichtet mit unter Wasser genommen wird. Die Übertragung von Wirt zu Wirt erfolgt jedoch wieder nur beim Landaufenthalt der Robben, und damit sind die Milben ebenfalls an einen solchen gebunden.

Krebse als Stellvertreter der Läuse bei den Walen

Einen wesentlichen Schritt weiter in der Anpassung an das Wasserleben sind die Wale gegangen. Sie verbringen ihr gesamtes Leben im Meer und suchen niemals mehr das Land auf. Auch ein Haarkleid fehlt ihnen. Betrachten wir die Ektoparasiten dieser Meeressäuger, so stellen wir fest, daß es keinem der landlebenden Gliederfüßern, weder den Milben, noch den Haarlingen, noch den Läusen gelungen ist, diesen Schritt zum totalen Wasserleben mitzumachen. Sie alle sind auf dem Weg zur Entwicklung der Wale offensichtlich ausgestorben. Dauernder Wasseraufenthalt und Haarlosigkeit zusammen, das sind Bedingungen, denen keine Laus und kein Haarling gewachsen ist. Derartige Schmarotzer fehlen daher auch anderen unbehaarten Wassersäugern, so den Seekühen (Sirenen) und selbst den Nilpferden, obwohl diese ja auch viel an Land kommen. Bei ebenfalls unbehaarten, aber auf dem Lande lebenden Säugetieren, wie z. B. beim afrikanischen Erdferkel *(Orycteropus)* und bei den behaarten, aber im Wasser lebenden Robben dagegen, können sie sich halten. Die Entwicklung der Wale zu Haarlosigkeit und dauerndem Wasseraufenthalt hat also zu einer „totalen Entlausung" dieser Wirte geführt. Aber auch hier haben sich „Stellvertreter" eingefunden, die die dadurch frei gewordenen „Planstellen" als Ektoparasiten besetzt haben, und zwar marine Krebse, die ja mit dem Wasserleben vertraut sind. Die sogenannten Walläuse, die sich in oft großer

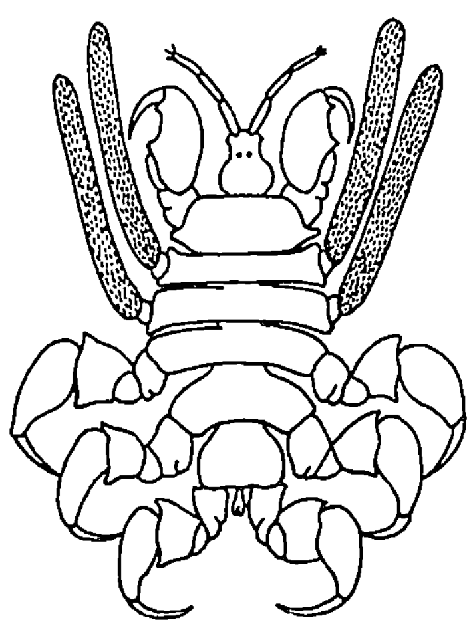

Abb. 76. Die Wallaus *Cyamus mysticeti* gehört zu den Krebsen (Amphipoda). Die schlauchförmigen (gestrichelt gezeichneten) Anhänge sind die Kiemen. (Aus BAER 1952)

Individuenzahl auf der Haut von Walen finden, sind nämlich Krebse (Amphipoda) einer eigenen Familie (Cyamidae), deren auf mehrere Gattungen verteilten Vertreter ausschließlich ektoparasitisch auf Walen leben (Abb. 76). Nicht nur in ihrer äußeren Gestalt, mit den eigenartigen Klammerbeinen, erinnern sie an Läuse, auch ihre Entwicklung verläuft ähnlich. Es sind die einzigen parasitischen Krebse, die keine freischwimmenden Stadien entwickeln, sondern deren Larven sich gleich wieder auf demselben Wirtsindividuum ansiedeln, auf dem somit mehrere Generationen von Walläusen aufeinanderfolgen. Die Übertragung von Wirt zu Wirt kann daher, wie bei den richtigen Läusen, nur durch Kontakt erfolgen.

Ektoparasiten sind natürlich von einem Wechsel der Umwelt, wie ihn der Übergang ihrer Wirte vom Land- zum Wasserleben darstellt, unmittelbar betroffen. Wie steht es in dieser Beziehung jedoch mit Binnenschmarotzern, z. B. mit den Fadenwürmern (Nematoda)? Im Inneren ihrer Wirte geschützt, werden sie ja vom Außenmedium nicht berührt. Anders ist das jedoch mit ihren freilebenden Stadien, seien es Eier oder Larven, die ja den Wirt verlassen müssen, um einen neuen zu befallen oder um einen Teil ihrer Entwicklung in einem Zwischenwirt zu durchlaufen. In dieser Phase werden sie natürlich vom Außenmilieu stark beeinflußt und darin dürfte auch der Grund dafür liegen, daß die Mehrzahl der ursprünglich in den landlebenden Wirten lebenden Binnenschmarotzer beim Übergang ihrer Wirte zum Meeresleben ausgestorben ist. Sie wurden zum Teil durch andere Parasiten ersetzt. Wir sahen einen solchen „Austausch" von Schmarotzern ja schon bei den Wanderfischen, wo es sich ja „nur" um einen Wechsel vom Süßwasser zum Meerwasser handelte (s. S. 141). Entsprechendes läßt sich nun auch bei den Robben und Walen feststellen. Landbewohnende Säugetiere werden unter anderem von einigen für sie charakteristischen Gruppen von Spulwürmern befallen, von Ascariden aus den Familien Toxocaridae und Ascarididae. Solche fehlen den Robben und Walen völlig. An ihrer Stelle finden sich Spulwurmgruppen, die, wie die Stomachidae, mit verwandten Arten in Fischen parasitieren. Somit haben offensichtlich ehemalige Fischschmarotzer die frei gewordenen „Planstellen" im Darm dieser Meeressäuger besetzt, was um so leichter möglich war, als die Robben und Wale entweder direkt Fische fressen oder eine Nahrung zu sich nehmen, die sich, wie z. B. Kleinkrebse, mit der der Fische deckt. Da Krebse häufig Zwischenwirte für die Fischspulwürmer abgeben, hatten natürlich auch diese Meeressäuger die Möglichkeit, entsprechende Entwicklungsstadien von Parasiten aufzunehmen, was diesen die Eroberung der neuen Wirte wesentlich erleichtert haben dürfte.

Überraschenderweise gibt es jedoch einige wenige entoparasitische Nematodenarten, die ohne Zweifel terrestrischen Ursprungs sind und sich dennoch bei den Robben, ja sogar bei den Walen gehalten haben. Es handelt sich um Schmarotzer, die in den Atmungsorganen und im Blutgefäßsystem dieser Meeressäuger leben. Bei den Robben sind es Fadenwürmer u. a. aus den Gattungen *Otostrongylus* und *Parafilaroides*, deren nächste Verwandte (aus derselben Unterfamilie!) in Huftieren bzw. in terrestrischen Raubtieren leben. Die Nematoden der Wale dagegen sind Vertreter einer eigenen Unterfamilie Pseudaliinae, die in mehreren Gattungen und Arten nur in dieser marinen Wirtsgruppe vorkommen. Daß es sich in beiden Fällen um Parasiten ursprünglich terrestrischer Wirte handeln muß, erhellt daraus, daß die genannten Schmarotzer alle einer außerordentlich artenreichen Unterordnung von Fadenwürmern, den Strongylina angehören, deren übrige Vertreter in Wirten aus den verschiedenen Klassen der Wirbeltiere zahlreich vorkommen, jedoch den Fischen völlig fehlen. Im Meer können die Robben und Wale diese Schmarotzer daher unmöglich erworben haben. Sie müssen ein altes Erbe aus einer Zeit sein, da die Vorfahren der Robben und Wale noch an Land gelebt haben.

Schluß

Wir sind am Ende unseres Streifzuges durch „die Welt der Parasiten" angelangt. Nur an wenigen Stellen konnten wir etwas verweilen, nur einige „Sehenswürdigkeiten" konnten wir besichtigen. Viel Interessantes gäbe es noch zu betrachten und zu berichten — unendlich viel jedoch gilt es erst noch zu entdecken und zu erforschen. Noch werden Jahr um Jahr zahlreiche neue Schmarotzerarten erstmals beschrieben, noch wissen wir von der Entwicklung und den besonderen Umweltsansprüchen der Parasiten in und außerhalb ihrer Wirte in der Mehrzahl der Fälle wenig oder nichts, noch birgt ihre Stammesgeschichte und ihre biologische Verflochtenheit mit ihren Wirten, ihren Konkurrenten und ihren Feinden viele Rätsel. Die Karte, die wir heute von der „Welt der Parasiten" entwerfen können, weist noch viele „weiße Stellen" auf, die auszufüllen Aufgabe künftiger Forschung sein wird.

Literaturhinweise

Es sind nur einige wenige, vor allem deutschsprachige Werke genannt, soweit sie neueren Datums sind und auch dem Außenstehenden zur weiteren Information dienen können.

BAER, J. G.: Ecology of animal parasites. Urbana: University of Illinois Press 1952.
DOGIEL, V. A.: Allgemeine Parasitologie. Jena: Fischer 1963.
  Ausführliche Darstellung vor allem der Ökologie und Biologie der Parasiten, unter besonderer Berücksichtigung der sonst schwer zugänglichen russischen Literatur.
ENGELHARDT, W., u. W. HENIGST: Parasiten des Menschen. Stuttgart: Franckh'sche Verlagshandlung, Kosmosbändchen 1953.
  Kurze, populär gehaltene Darstellung der Schmarotzer des Menschen.
HESSE, R., u. F. DOFLEIN: Tierbau und Tierleben, 2. Band. Jena: G. Fischer 1943.
  Bringt in den Kapiteln „Gesellung verschiedener Arten zueinander" und „Schmarotzertum" viel Allgemeines über Biologie und Ökologie der Kommensalen und Parasiten.
HÜSING, J. O.: Parasitismus im Tierreich. Wittenberg Lutherstadt: Neue Brehmbücherei 113, Ziemsen Verlag 1953.
  Kurze, populäre Darstellung, unter besonderer Berücksichtigung der vom Parasiten am Wirt hervorgerufenen Symptome und der Rolle der Schmarotzer als Krankheitserreger und -überträger.
MARTINI, E.: Lehrbuch der medizinischen Entomologie. 2. Auflage. Jena: Fischer 1941.
  Allgemeine Übersicht über parasitische Insekten und ihre Bedeutung als Krankheitserreger und -überträger.
— Seuchen im Menschen. Stuttgart: Enke Verlag 1959.
  Stellt die allgemeinen Probleme der Parasitologie vor allem in medizinischer Sicht dar.
OSCHE, G.: Ökologie des Parasitismus und der Symbiose. In: „Fortschritte der Zoologie", Band 15. Stuttgart: G. Fischer 1962.
  Übersicht über die neuesten Forschungsergebnisse, vor allem aus den Jahren 1959 und 1960 und Zusammenstellung der Literatur. Wird fortgesetzt.
PIEKARSKI, G.: Lehrbuch der Parasitologie. Berlin-Göttingen-Heidelberg: Springer 1954.
  Umfassende Darstellung der Parasiten des Menschen.
ROTHSCHILD, M., and TH. CLAY: Fleas, Flukes and Cuckoos. London: Collins 1952.
  Leicht zu lesende, populäre Darstellung der Schmarotzer der Vögel, mit vielen interessanten Angaben über die Lebensweise, die Verbreitung und die Stammesgeschichte der Parasiten
SCHURMANS STEKHOVEN, J. H.: Biologie der Parasiten der Säugetiere. In: Handbuch der Zoologie, 8. Band, 20. Lieferung. Berlin: W. de Gruyter & Co 1959.

Sachverzeichnis

Kursiv gesetzte Seitenzahlen verweisen auf Abbildungen